"课程思政+核心素养+分层教学" 立体化新理念·新课标教材

数字影音编辑与合成

梁 姗 主编

电子工业出版社
Publishing House of Electronics Industry
北京·BEIJING

内 容 简 介

为适应职业教育计算机课程改革的要求，本书从数字媒体技能培训的实际出发，结合当前数字媒体行业的发展现状组织编写而成。本书共 5 章，内容涵盖数字媒体课程学习过程所需掌握的职业入门阶段、理论基础阶段、能力提升阶段及项目实战阶段的相关知识。本书采用项目管理的基本方法将数字媒体应用技术的相关知识融入各阶段的知识结构中，综合运用 Premiere 和 After Effects 软件讲解影音编辑知识，通过丰富的案例和详尽的操作步骤，帮助读者掌握设计不同风格影视片的制作流程，提高实际操作能力。

本书可作为中等职业学校计算机应用及多媒体相关专业的教材，也可作为相关专业人员的参考用书。

未经许可，不得以任何方式复制或抄袭本书之部分或全部内容。
版权所有，侵权必究。

图书在版编目（CIP）数据

数字影音编辑与合成 / 梁姗主编． -- 北京 ：电子工业出版社，2024. 12． -- ISBN 978-7-121-49667-7

Ⅰ．TN94

中国国家版本馆 CIP 数据核字第 202504SW13 号

责任编辑：罗美娜　　　　文字编辑：戴　新
印　　刷：河北虎彩印刷有限公司
装　　订：河北虎彩印刷有限公司
出版发行：电子工业出版社
　　　　　北京市海淀区万寿路 173 信箱　邮编　100036
开　　本：880×1 230　1/16　印张：10.25　字数：236 千字
版　　次：2024 年 12 月第 1 版
印　　次：2025 年 5 月第 2 次印刷
定　　价：36.00 元

凡所购买电子工业出版社图书有缺损问题，请向购买书店调换。若书店售缺，请与本社发行部联系，联系及邮购电话：（010）88254888，88258888。

质量投诉请发邮件至 zlts@phei.com.cn，盗版侵权举报请发邮件至 dbqq@phei.com.cn。
本书咨询联系方式：（010）88254617，luomn@phei.com.cn。

前言 PREFACE

这是一个影像的时代，影像记录已渗透到人们生活与工作的方方面面，各种媒体工具在现代社会中被广泛且频繁地运用。随着时代的发展和社会的进步，人们越来越不满足于静态和平面的呈现及记录模式，而是更加乐于接受有声有色的动态内容。人们使用各种数码设备，如数码相机、数码摄像机、智能手机等，获取图片、音频、视频等素材，并对这些素材进行合理的加工处理，使之满足人们生产、生活的需求。这种需求带动了影像产业的蓬勃发展，而与影音处理相关的行业也成为一个热门行业。随着社会需求的不断增加，越来越多的人加入或希望加入这一行业。

数字媒体行业在高速发展的道路上一路疾行，如短视频领域异军突起，席卷了整个影视领域，数字媒体企业对从事影音处理相关工作的人才的要求和标准也相应有了变化。因此，本书全面更新了行业规范和软件版本，依据最新的数字媒体专业人才培养方案和数字媒体课程教学标准更新内容，以新兴领域、热点问题和学科交叉为主要教学案例，并将思政元素有机融入数字媒体人才培养过程，真正帮助读者实现从入门到精通。

本书共 5 章，内容涵盖数字媒体课程学习过程所需掌握的职业入门阶段、理论基础阶段、能力提升阶段及项目实战阶段的相关知识，旨在成为一本实用的工作手册。本书综合运用 Premiere 和 After Effects 软件讲解影音编辑知识，涵盖的范围较广，并不拘泥于单纯的知识技能讲解：先介绍影像产业和相关岗位，帮助读者设计职业生涯规划；然后针对胜任这些岗位所需要掌握的基础知识，如色彩、构图等进行阐述，以一个个精心挑选的影视片实例作为载体，介绍实际制作影视片过程中需要使用的知识技能，并将操作技能的讲解和构思创意相结合；最后介绍基于数字媒体技术专业的校内工作室的组建及运作，从而使读者的水平得到全面的提升。

本书由梁姗担任主编，贾建军、叶玉曼、谢爱莲、张媛担任副主编。

由于编者水平有限，书中难免存在不足之处，敬请广大读者批评指正。

编 者

CONTENTS | 目录

第 1 章　理想·只要你想 001
　1.1　职业应用 002
　1.2　职业生涯规划设计 007
　1.3　职业生涯规划范例 009

第 2 章　沉淀·凡事预则立 014
　2.1　完美的构图 015
　2.2　协调的色彩 027
　2.3　镜头的衔接 032
　2.4　稿本的写作 039
　2.5　必要的拉片 044

第 3 章　厚积·追风赶月 049
　3.1　毕业设计秀场片 050
　3.2　节约粮食宣教片 058
　3.3　职业向往艺术短片 068
　3.4　《三字经》诵读片 077

第 4 章　勃发·向阳而生 089
　4.1　《少年赋》动态配词 090
　4.2　颁奖典礼暖场片 106
　4.3　双机位公开课短片 119
　4.4　航天宝贝参赛片 127

第 5 章　蓬勃·不负韶华 135
　5.1　金陵小树莓视觉传播工作室 136
　5.2　工作室案例分享 147

第 1 章

理想·只要你想

大鹏一日同风起,扶摇直上九万里。

——《上李邕》

大鹏一日随风飞起,扶摇直上九万里之高。诗人李白的满怀豪情与直冲青云的志向通过这句诗淋漓尽致地表现出来。这是一种蓬勃向上的精神,也是一种不停地寻找自己的可能性的勇气。在前进的道路上,我们要以鲲鹏展翅之姿,胸怀高飞之志,唱响新时代的奋斗者之歌,不断地创造新的精神高度。

1.1　职业应用

在你翻开这本书开始系统的技能训练之前，很有必要先问自己几个问题。
① 什么是数字媒体技术？
② 数字媒体技术行业的前景如何？
③ 和数字媒体技术相关的岗位有哪些？
④ 和数字媒体技术相关的岗位对人才的需求量如何？
⑤ 是否打算从事与数字媒体技术相关的岗位？
⑥ 有没有做好从事该类岗位的心理准备？
⑦ 对自己是否有一个职业生涯的规划？
……

这是一个竞争激烈的社会，我们决定从事哪类行业必须经过深思熟虑，在综合考虑各方面因素后才能做出慎重选择。而一旦做好了决定，选好了方向，就要全力以赴。在正式进入某行业之前要做好一切准备工作，包括拥有技能素养和非技能素养。

本章广义地介绍与数字媒体技术相关的岗位的实际现状，并针对相关岗位进行笼统描述。如果你立志于从事该类岗位，相信本章内容会帮助你站在一定的高度综观全局，也相信你一定可以在前景无限的数字媒体行业中找到适合的方向，取得一定的成就。

1.1.1　了解潜在岗位

我们通常说的"数字媒体"包含数字化的文字、图形、图像、声音、视频影像和动画等感觉媒体，以及表示、存储、传输、显示这些感觉媒体的实物媒体，而含有"数字媒体技术"的产品主要包括电影、电视、智能手机、短视频、直播、虚拟现实、电子书籍、互联网媒体、触摸屏媒体等。早期的数字媒体产品与计算机行业紧密相连，每种数字媒体产品都需要与计算机连接来处理数据、丰富功能。随着智能手机和智能平板计算机的普及，现在很多数字媒体产品都可以脱离传统计算机而直接进行数据处理，大大提高了制作数字媒体产品的便利性，加速了数字媒体行业的发展。

本书所介绍的就是与数字媒体技术密切相关的技能和技巧。笔者根据多年对数字媒体技术相关岗位需求的分析，总结了几类对人才需求量较大、技术难度也比较适中的岗位。下面列出这些岗位所在的公司或机构。

1. 摄影机构

摄影机构包括大型连锁影楼和小型摄影工作室，涵盖范围非常广，如婚纱影楼、儿童影楼、个性写真工作室、旅拍等，如图 1-1 所示。从早期的照相馆发展到现在的摄影产业理想·只要你想 第1章

已经有几十年的时间,消费者已不满足流水线式照片,并且对摄影技术和个性化服务提出了更高的要求。虽然随着电子设备的发展,摄影技术的门槛看似降低了,但是专业摄影所需要的技术素养仍然是普通摄影产品所不能取代的。摄影机构的基础工作岗位包括门市接待、摄影助理、摄影师、后期修片、MTV 拍摄、电子相册等。这些工作岗位的门槛都不高,经过适当的技能训练就可以胜任,年轻人可以通过这些岗位进入该行业。

图 1-1 摄影机构

2. 商品摄影机构

商品摄影主要是以商品为主要拍摄对象的一种摄影,通过展示商品的形状、结构、性能、色彩和用途等,来引起顾客的购买欲望,如图 1-2 所示。商品摄影是传播商品信息、促进商品流通的重要手段,在当前互联网经济的大背景下,线上商品更新迭代的速度非常快,对商品摄影的需求也非常旺盛,如网店、外卖平台、公众号推文等,都需要大量的专业摄影人员提供拍摄服务。

图 1-2 商品摄影机构

3. 婚庆公司

结婚大多要办婚礼,这不仅是一对新人一生最美好的回忆,也是中国传统家庭所需要的一个仪式和过程。随着婚庆行业(包括布展业和会展业)的蓬勃发展,新人对婚礼的要求也越来越高。现在的婚庆公司已经不单是承接婚礼现场记录的工作,而是提供集鲜花布置、汽车租赁、婚礼布展、新人跟妆、司仪主持、婚礼摄像、现场相册等业务于一体的综合性婚庆服务，如图 1-3 所示。

图 1-3　婚庆公司

4. 企事业单位的宣传部门

社会发展到今天，人们早已经不满足于静态的图片留影，越来越多的场合需要记录完整的动态过程，如公司新产品的展销、公司对外筹办的宣传活动、内部的会议记录等，如图 1-4 所示。大型超市、写字楼，甚至公交车、地铁中到处可见在播放视频节目。企事业单位的宣传部门意识到了该类工作的岗位空缺，特别是缺乏摄像人才和视频剪辑人才。这类岗位的名称可能是宣传、企划等，但所从事的工作是和数字媒体技术密切相关的。

图 1-4　企事业单位的宣传部门

5. 虚拟现实技术公司

在虚拟演播室系统中，摄影机拍摄时的位置信息和拍摄内容会实时传送到虚拟系统内，画面背景的蓝色或绿色通过色键抠像技术被清除，替换上提前制作好的虚拟三维空间模型（如图 1-5 所示），画面拍摄的主持人或演员与三维的虚拟场景合并成一个新画面，合成好的视频可以实时显示在电视上，此类岗位需要专业的摄像师和后期剪辑人员。

6. 数字媒体产品销售类公司

数字媒体产品的更新换代和层出不穷，决定着对数字媒体产品销售人员的需求永远是旺盛的。数字媒体产品的销售岗位不仅包括直观的商品销售岗位，如数码照相机、手机、计算机之类的导购工作，还包括相关的延伸服务，如影楼导购服务等。从某种程度上说，数字媒体行业不是劳动密集型行业，而是知识密集型行业，懂技术的销售人员会更加受到用人单位的欢迎。

图 1-5　利用虚拟现实技术合成的虚拟场景

7. 专业的影视制作公司

影视制作公司主要从事对影视作品的制作及宣传工作，这类公司承接电视台的外包节目，录制各类直播活动，拍摄和制作影视剧、短视频、宣传片和微电影等，有策划、摄像、后期剪辑、特效包装等岗位，如图 1-6 所示。

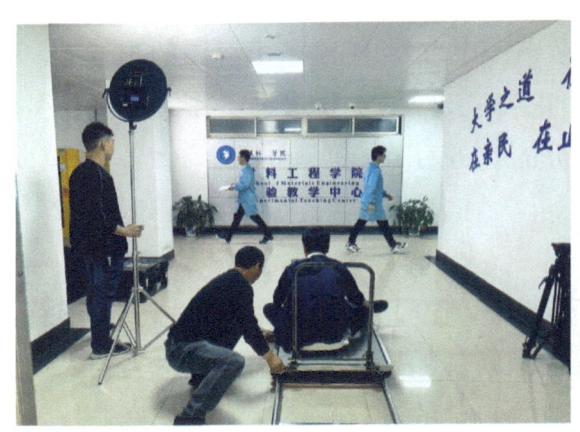 

图 1-6　专业的影视制作公司

1.1.2　提高职业素养

职业素养体现在生活中就是个人素质或道德修养。想在竞争激烈的社会中立足，成为一名合格的员工，仅具备一定的技术能力是远远不够的。用人单位评价一名员工的首要标准就是该员工的"为人"如何，在很多情况下，职业素养比技术能力更加重要。用人单位首先要接受"人"，然后才能接受人做的"事"，正所谓"先学会做人，再学会做事"。一个正直诚恳的人，即使暂时在技术能力上达不到要求，只要其本人有学习的欲望，并愿意付出时间和精力，那么用人单位往往也愿意花成本培养。与之相反，一个职业素养存在问题的人，即使有再高级的技能水平，用人单位往往也会敬而远之。而既无职业素养，又不学无术的人，可想而知，是没有办法在社会上立足的。

概括地说，职业素养包含四个方面：职业道德、职业思想（意识）、职业行为习惯和职业技能。前三项是职业素养中的根基部分，而职业技能可通过学习、培训获得。例如，计算机、英语等能力属于职业技能范畴，可以通过学习掌握，并在实践中日渐熟练。企业更认同的道理是，如果一个人的基本职业素养不够（如忠诚度不够），那么职业技能越高的人，其隐含的危险性越大。一般来说，职业素养可以通过以下几方面来体现。

1. 人品

正直的人品是一个人在社会上立足的根本。

2. 守纪

每家企业都有一套适合企业发展的制度，而企业对员工的基本要求就是能接受企业的制度，并服从管理。没有一家企业喜欢影响企业正常运作的人，对于不守纪的人，企业自然有相应的处罚条例，甚至将其辞退。

3. 刻苦

出于经营成本的考虑，现在的工作普遍具有较高的强度，能让一个人就做完的事，企业绝不会分给两个人做，这就是所谓的"一个萝卜一个坑"。刚刚走出校门的年轻人，往往对工作强度的预估不足，稍微加班或累一些就叫苦连天，殊不知这种工作态度极易引起用人单位的反感，因此在走上工作岗位前要有充分的吃苦耐劳的心理准备。

4. 学习

数字媒体技术是一个飞速发展的行业，新知识、新产品层出不穷。要想成为该行业一名合格的员工，就必须对所从事的工作有充分的了解。如果从事该行业技术类的工作，就要时刻关注当前的技术流行趋势，从而适时地完善自己的设计思路；如果从事非技术类的工作，则要精通产品的使用性能等。学习不能依赖于让别人教，而要有自学意识，主动向前辈请教或者多看书。刚毕业的年轻人还不习惯自身角色的转变，往往缺乏这种学习意识，这样很不利于工作的顺利开展。

5. 信心

信心代表一个人在工作中的精神状态，包括对工作的热忱，以及对自己能力的正确认知。年轻人刚开始工作，肯定会遇到很多困难，如果只会一味地退缩或放弃，没有迎难而上的信心和勇气，则不可能实现自己的职业目标。

6. 沟通

在工作中经常会遇到与同事意见不合，或者与领导思路不一致的情况，因此，掌握交流与沟通的技巧是至关重要的。通过有效沟通来表达我们的思想与见解，是一门很大的学问。

7. 创造

在这个不断进步的时代，我们不能没有创造性思维，而应该紧跟市场和现代社会发展的节奏，在工作中不断注入新的想法和提出合乎逻辑的有创造性的建议。

8. 合作

在工作上不依靠集体或团队的力量，只是单枪匹马地苦干，很难取得真正的成功。每一个想获得成功的人都应该学会与他人合作，懂得与他人合作更能得到团队的认可和喜爱，而孤军奋战的人，往往被团队拒绝或抛弃。

1.2 职业生涯规划设计

每个人都应该对自己的职业生涯进行切实可行的系统规划，并按部就班地按照规划实现职业理想。职业生涯规划不能等到已经工作了才开始启动，而应该在工作之前就开始筹划，并且在工作过程中根据实际情况不断地调整和修正。有了职业生涯规划，也就有了奋斗的方向和前进的动力，这对刚刚走上工作岗位的年轻人来说有着不容小觑的作用。

职业生涯规划的设计要综合考虑自己各方面的情况。一般可以从以下几方面入手。

1. 自我评估

简单地说，自我评估就是全面地认识自己、了解自己。每个人的生活背景、受教育程度和自身性格不同，只有正确认识自己，才能对职业做出正确的选择，从而选定适合发展的职业生涯路线。

2. 确定志向

志向是事业成功的基本前提，没有志向，事业的成功也就无从谈起，这是制定职业生涯规划的关键，也是职业生涯规划中最重要的一点。志向的确立要充分考虑自己的兴趣爱好，因为只有热爱自己的事业，才可能有所成就。当然也要兼顾自己的性格、受教育程度等来确定切实可行的志向，不能好高骛远、不切实际。

3. 职业生涯机会的评估

职业生涯机会的评估主要是评估各种环境因素对自己职业生涯发展的影响。每个人都处在一定的环境中，离开了环境，便无法生存与成长。因此，在制定个人的职业生涯规划时，要分析环境的特点、环境的发展变化情况、自己与环境的关系、自己在这个环境中的地位、环境对自己提出的要求，以及环境对自己有利的条件与不利的条件等。只有充分了解这些环境因素，才能做到在复杂的环境中避害趋利，使职业生涯规划具有实际意义。

4. 职业的选择

职业选择的正确与否，直接关系到人生事业的成功与失败，据统计，在选错职业的人当中，有80%的人在事业上是失败的。由此可见，职业选择对人生事业的发展是非常重要的。

5. 设定职业生涯目标

职业生涯目标的设定是职业生涯规划的核心。一个人的事业成败，很大程度上取决于其有无正确、适当的目标。通常职业生涯目标分为短期目标、中期目标、长期目标和人生目标。短期目标设定一般为1～2年，其又分为日目标、周目标、月目标、年目标。中期目标设定一般为3～5年。长期目标设定一般为6～10年。

6. 制订行动计划与措施

在确定职业生涯目标后，行动便成为关键环节。没有达成目标的行动，也就谈不上事业的成功。这里所指的行动，是指落实目标的具体措施，主要包括工作、训练、教育、轮岗等方面。例如，为了成为一名合格的影视制作人员，你计划利用多长的时间完成校园里基本知识技能的学习、参加什么技能培训、考取什么证书、工作几年达到影视制作人员的技能要求等。

7. 评估与回馈

俗话说："计划赶不上变化。"影响职业生涯规划的因素有很多，有的变化因素是可以预测的，而有的变化因素难以预测。在此情况下，要使职业生涯规划行之有效，就必须根据实际情况对职业生涯规划进行评估与修订。例如，有些人在实际工作中才发现自己在某个方面的潜力，从而及时调整奋斗方向；有些人根据社会发展的趋势，结合自己的工作现状，会对职业生涯规划做微调或修改，使之更具有实用性和指导意义。

如果每位读者在进入职场之前都能按照上述几点认真地完成一份个人职业生涯规划，那么相信你们的事业之路一定会更加顺畅。

理想·只要你想 **第1章**

1.3 职业生涯规划范例

1.3.1 范例一

镜头里的人生，镜头外的奋斗

摄影/摄像不仅可以记录纷繁复杂的人生百态，而且能够向人们讲述一个个真挚感人的生活故事，它是一份永恒的记忆，会为你的生活留下更多的精彩。

——题记

引　言

在今天这个人才竞争的时代，我们做好个人职业生涯规划是非常有必要的。对每个人而言，职业生涯是有限的，如果不进行有效的职业规划，势必会造成生命和时间的浪费。作为一名职校生，若带着一种茫然步入这个竞争激烈的社会，怎么能使自己在社会上占有一席之地呢？作为一名职校生，你开始为自己的将来规划了吗？

我们可以为自己制订一份职业生涯规划，希望通过这份职业生涯规划能够更好地认识自己，找到职业发展方向，并有针对性地加强职业能力培训，化"被动就业"为"主动择业"，让自己一开始就赢在职场起跑线上，成为炙手可热的职场新人。

我相信，机会永远都留给有准备的人。

我相信，只要有目标、有动力，就一定会成功。

我相信，自己能行，只要把握好手中的舵，就不惧风浪。

客观自我认识

1. 自我评价

生理自我：身高177cm，体重59kg，身体素质良好，喜欢运动，接受过系统的体育训练，耐力好，长跑是我的强项。

心理自我：当代年轻人也许有很多文化知识、学科经验，但缺少自知，而自知是一个人自我意识发展的基础。我对自己进行的一番分析为：为人务实、客观理智，喜欢和别人共同工作，乐于参加或组织各种活动，在和陌生人初次见面时，也能和对方聊得来；不会斤斤计较，对于别人的批评能欣然接受；头脑较灵活，对于生活中的变化和各种问题，一般都能比较沉着地应对。

能力分析

- 具有艰苦朴素、吃苦耐劳的精神。

- 胸怀目标，具有追求成功、勇往直前的干劲，在困境中不轻易放弃。
- 有从事影视制作工作的热诚。
- 做事讲究原则，工作认真勤奋，踏实稳重，有耐心。
- 通情达理，能够理性地看待问题。
- 目前学历为中专，缺乏社会竞争力。
- 知识结构暂时不够完整和全面，欠缺相关学科的专业知识。
- 过于注重实效，做事不够果断，有时缺乏应有的冒险精神。
- 对于新事物的好奇心和探索欲望不强，变通能力较弱。

2. 他人评价

来自他人的评价能使我们有意无意地调整与他人交往中的自我形象，找到不足之处并进行改进，从而让自己做得更好，如表 1-1 所示。

表 1-1　他人的评价

评　价	优　点	缺　点
家人评价	善良、孝顺、听话、有理想、有追求，沟通能力强，能吃苦耐劳	放假的时候比较懒，喜欢赖床，一觉睡到中午
老师评价	稳重大方，上进心强，学习主动，做事有责任心，有条理，比较细心	遇事不够机智、果断，不能大胆表现自己
同学评价	心态乐观，乐于助人，有团队合作精神	哪方面都挺好，就是有时比较懒

3. 综合评价

宋庆龄讲过这样一段话：不管你预备走哪一条路，顶顶要紧的是先要为自己做好准备。你不能赤手空拳地开始行程，必须用知识把自己武装起来，锻炼出健壮的身体和足够的勇气。因此，只有通过多方面的评价，才能让我更真实地认识自己、了解自己，从而扬长避短，找到真正适合自己的道路。

机会都是留给有准备的人的！为了自己的职业生涯，我要做到以下几点。

（1）珍惜在校学习时光。

学生时代是人生奠定基础的黄金时代。如今所学的课程知识，不但是就业所必备的条件，而且是今后学习深造的基础。很多企业更重视所招聘人员的研究经验和学历，这对于就读中专的我来说是不利的。但是我有充足的时间完善知识结构，并通过成人高考和继续学习来提高自己。

（2）积极参加实践活动。

卢梭说："社会就是书，事实就是教材。"社会实践和职业活动既能巩固所学理论知识，提高实践技能，又是落实职业生涯规划的最佳机会。在校期间，我要把参与学校影视工作室实际项目作为契机，向已成为学校影视工作室骨干技术人员的学长学习，力争在校期间就能拥有胜任企业工作岗位的能力，缩短就业磨合期。同时积极参加各种比赛，争取能够参加省级乃至国家级数字媒体类技能竞赛。不放过每一次社会实践和职业活动的机会，并在其中主动、自觉地提高自己。

（3）关注职业发展动态。

随着社会的进步，职业发展速度加快，我们必须时刻关注职业发展动态，并根据职业发展动态适当调整职业发展方向，补充达到目标所需要的措施，修订、设计职业生涯规划。职业生涯规划虽不会一成不变，但应保持动态的相对稳定，才能成为真正有用的规划，也才能真正指导自己有效地为未来的职业生涯做好准备。

近年来，数字影视产业发展迅速，产业的发展促进了对人才的需求。据业内人士初步估计，目前数字影视制作行业急需从业人员约 150 万人。行业热，人才缺。《人才市场报》报道，具有创造性思维及实践能力的数字影视制作人才待遇优厚。

1.3.2　范例二

我的目标

我的目标：自主创业，成立一家自主经营的影视工作室。

近期目标：学业有成期——我不仅是一个专业人，还是一个社会人！

2020—2024 年，充分利用学校环境及条件优势，认真学习专业知识，培养学习、工作、生活能力。专业永远需要实践来发扬光大！我要珍惜在校金陵小树莓工作室实践的机会，全面提高个人综合素质，并为将来就业做准备。我还要进一步深造，利用业余时间上成人高考补习班，参加成人高考，提高自己的学历。

短期目标的具体实施策略：

以最快的速度适应学校的学习和生活，明确自己的专业发展方向和目标，努力学习文化知识和专业技能。在此期间，得到老师和同学的信任，担任班级团支书一职。

2023 年 3 月，进入学校的金陵小树莓工作室进一步学习。在此期间，多次参加工作室的实训任务，如宝马品牌日的拍摄、宝马合作院校年会现场制作与拍摄、宝马品牌日的拍摄与教学视频制作、二十四中 110 周年校庆的拍摄与后期制作、二十八中 80 周年校庆的拍摄与后期制作、农垦集团的拍摄、江苏省美容美发技能大赛花絮的制作、少儿频道《招考指南针》的拍摄与制作等，任务完成出色，得到老师的认可。

自 2023 年 10 月起，创立"橘子创意数码港"，主要工作是前期拍摄与后期制作，还制作一些个性产品，如水晶版画、台历等，得到了学校工作室老师的支持与认可。

自 2021 年起，认真学习各门功课，不断提高自己的专业技能，已经拿到专业技能考证，如南京市市民英语一级合格证书、全国计算机信息高新技术考试合格（国家职业资格四级）证书、劳动部中级摄影师证书、汉字录入证书等。积极参加学校各项活动，无愧"优秀团干部""优秀学生干部"等称号。利用课余时间上成人高考补习班，进一步深造，提高自己的学历。通过专升本考试，考上南京传媒学院成人本科摄像专业。

2023—2024年，进一步明确自己的发展目标，将自己的专业基础夯实，充分利用学校的影视工作室学习相关的技能，在实践中不断提高自己。

2024年，调整自己的心态，用所学的专业技能，迎接自己的第一份工作。

中期目标：熟悉和适应期——创业忌冲动盲目，先做好一个打工者。

2025—2029年，利用4~5年的时间在工作岗位上踏踏实实学习。创业未必就是自己当老板、做法人代表。如果能在自己从事的领域做出一定成绩并能为社会创造价值，又深受别人的认可，那么我们从事的工作就不仅称为一份"工作"，而且是一份事业。把工作当成事业的人，未来才可能成就一番事业，为自己的未来打好基础。

中期目标的具体实施策略：

2025—2026年，工作从基层做起，到影楼当摄影助理或到婚庆公司当摄像助理，月薪1500元左右。这个岗位是比较辛苦的，但俗话说："吃得苦中苦，方为人上人。"我要在这个岗位上踏实地工作，认真学习和仔细揣摩摄影师的构思和创意，为下一个目标打好基础。

2027—2028年，寻找一家影视公司磨炼自己，能够拍摄和制作一些简单的片子，锻炼拍摄和视频剪辑能力，月薪在2500~3000元。业余时间继续攻读本科学历，争取拿到成人本科文凭。

2029年，争取成为能够独当一面的摄像师和数字视频制作人，月薪达到5000元。但我不能满足，还要为自己的未来做好规划。

长期目标：稳定发展期——机会只留给有准备的人！

2029年以后，逐步创办一家属于自己的影视工作室，成为一名独立视频制作人，实现自己的创业梦想。

长期目标的具体实施策略：

2030—2035年，利用自己工作多年积累的人脉关系，以及多年积累下来的资金，创办一家小型的由数名人员组成的影视工作室。在河西地区或江宁地区租赁一个100m² 左右的商住楼，可以凭借地区优势，承接周围公司的项目，如企业宣传片、形象片、专题片、产品介绍片等影视制作；还能承接所在地大专院校的项目，如师生的个性写真，学校的教学培训、校庆、宣传活动片等影视制作。最后，逐渐承接市级乃至省级电视台的栏目制作。此外，还可以拍摄一些公益类、宣传类的摄影作品，提高自己影视工作室的知名度。在这期间要利用网络宣传自己的工作室，并逐渐扩大自己的团队，让自己的团队逐渐走上正轨。

2035年以后，争取创办由50名以上工作人员组成的影视编辑传媒专业公司。不断扩大自己的团队，做好企业文化宣传，打造一个专业的，集策划、采编、拍摄、剪辑、制作特效和包装设计于一体的团队。

理想·只要你想 第1章

结束语

成功的例子有很多。例如，世界著名的管理学者彼得·德鲁克是世界管理学界的顶尖大师，他从入门管理学到成为公认的"大师中的大师"，只用了10年。他是靠什么获得成功的？靠的就是职业生涯规划。

我们青年人应该规划个人的职业生涯，主宰自己的前途命运。要敢于正视自己的弱点，发扬自己的优点，挖掘自身潜能，有目的、有意识地规划自己的未来，为以后职业生涯发展奠定坚实的基础。当然，不仅要有职业生涯规划，还要坚持并做出一定成绩。未来需要靠自己去努力、去拼搏。人们常说"计划赶不上变化"，要想成功，就要付出努力，还要能够懂得抓住机遇。眼下社会变革迅速，对人才的要求也越来越高，我们要用发展的眼光看问题，要适应社会的发展，不断提高思想认识，完善自己。要学会学习，学会创新，学会适应社会的发展要求，只要有努力拼搏的精神，就一定能够成功，相信自己一定行！

课后习题

请根据实际情况，设计一份职业生涯规划。可按照引言、自我评价、他人评价、综合评价、我的目标、具体实施策略、结束语等环节来考虑。

第 2 章

沉淀·凡事预则立

事前定，则不困；行前定，则不疚。

——《礼记·中庸》

　　做事前有准备，就不会被困难和挫折所阻；行事前有计划，就少有错误、后悔的事。我们学习数字媒体专业技能同样如此。作为一个综合性非常强的行业，学好数字媒体绝不仅仅是会使用几个软件那么简单，如果只注重软件运用的熟练度，那么只能做一个缺乏灵魂的操作工。软件只是我们实现效果的工具，学会其背后的底层逻辑至关重要。

2.1 完美的构图

知识概述

（1）掌握景别的定义与运用。
（2）掌握景别的表现方式与产生效果。
（3）掌握影视画面的构图基础。
（4）掌握画面构图的常见形式。
（5）掌握拍摄角度对构图的影响。

1. 景别

影视片都是由一个个镜头组合而成的，有了镜头，必然有景别出现。要想制作一部视觉冲击力强的影片，就必须准确构图，而准确构图的前提是能正确认识景别，因此，在讲解构图时，先从景别讲起。

（1）景别的定义。

简单地说，景别是被拍摄对象和画面在电视屏幕框架中所呈现的大小和范围。

（2）决定画面景别大小的因素。

决定画面景别大小的因素主要有以下两点。

① 照相机或摄像机与被拍摄主体之间的实际距离。若实际距离缩短，则图像变大而景别变小；若实际距离拉长，则图像变小而景别变大。

② 照相机或摄像机所使用镜头的焦距长短。所使用的镜头焦距越长，画面景别越小；所使用的镜头焦距越短，画面景别越大。

（3）景别的分类。

最基本的景别分为远景、全景、中景、近景和特写，其中还能细分为大全景、大近景、小特写等。需要注意的是，初学者应严格按照标准景别拍摄画面和选取素材，有一定经验的专业人员还需要考虑光线、表达情绪、色调对比等因素的影响，根据实际情况灵活调整，画面要永远为表现主题服务，任何利于表现主题的构图都应当被采纳。

① 远景。远景通常用来表现广阔空间或开阔场面。主体被包含在一个画面中，远景通常用在一部影片或一个场景的开始和结尾，用来交代故事发生的整体环境。在远景中，人物在画面中的大小通常不超过画面高度的一半，这样的画面在视觉感受上更加辽阔深远，节奏也比较舒缓，如图2-1所示。

图 2-1　远景画面

② 全景。全景通常用来表现人物全身形象或某个具体场景的全貌画面，更能全面展示人物与环境之间的密切关系，以及人物的行为、样貌，也可以在某种程度上表现人物的内心活动。如果拍摄物体，则需要完整保留物体外部轮廓，表现出被拍摄物体的全貌，并且被拍摄物体周围不能有太多的空白画面。全景构图在叙事、抒情和展示人物与环境的关系上起到了独特的作用，如图 2-2 所示。

图 2-2　全景画面

③ 中景。中景通常用来表现人物膝盖以上的部分或场景局部画面，既能表现人物的表情，展示人物活动的环境，又能表现场景或物体的大部分状态，比全景细腻，比近景概括，是叙事功能较强的一种景别。中景景别用在对话、动作和情绪交流的场景中，可以最有力地表现人与人之间、人与周围环境之间、物与物之间的相互关系，是不可或缺的一个景别，如图 2-3 所示。

④ 近景。近景通常用来表现人物胸部以上部分或物体局部画面，着重表现人物的面部表情，传达人物的内心世界，是刻画人物性格较有力的景别。近景景别视觉范围较小，观察距离相对更近，人物和景物的尺寸足够大，细节比较清晰，非常有利于表现人物的面部表情或者其他部位的细节，以及景物的局部状态，如图 2-4 所示。

图 2-3　中景画面

图 2-4　近景画面

⑤ 特写。特写通常用来表现人物肩部以上的部分或某些被拍摄对象的细微画面。在进行特写拍摄时，被拍摄对象会充满画面，比近景更加接近观众，能表现人物面部细微表情或物品纹理，刻画人物或物品细节。在特写镜头中，背景处于次要地位，甚至消失。特写镜头中的任何对象都能给观众留下强烈的印象，如图 2-5 所示。

图 2-5　特写画面

2. 构图

在绘画时根据题材和主题思想的要求，把要表现的形象适当地组织起来，构成的协调完整的画面称为构图。而影音画面构图可以理解为画面的布局与构成，指在规定的画面中筛选对象、组织对象，并处理好对象的方位、运动方向、线条、色调等。影音画面构图是影视造型艺术的重要组成部分。

影音画面构图有以下几个要点。

（1）画面要简洁。

和拍照片一样，影音画面必须通过构图做出一定的艺术选择，用取景框"给原来没有界限的自然画出界线"。删繁就简是获取优美画面构图的第一步。

（2）主题要突出。

画面构图必须处理好主体、陪体及与环境的关系，做到主次分明、相互照应、轮廓清晰、条理和层次井然有序。

（3）立意要明确。

想要获得出色的构图，就必须经过深刻的构思，切忌模棱两可、立意不明。

（4）画面应具有表现力和造型美感。

通过画面的空间配置、光线的运用、拍摄角度的选择，调动影调、色彩、线形等造型元素，创造出丰富多彩、优美生动的构图。

（5）处理运动构图。

如果没有人物，那么在进行环境和背景交代时，应找出能够表现环境特色的主要对象，将其作为构图的依据；如果有人物，则应以人物为构图的主体。运动构图必须有其合理的运动依据。

3. 构图基础

构图是根据拍摄对象，结合想要表现的主题内容，采取一种有力的艺术表现形式，有目的地组织画面，充分表达主题思想，寻找有力的拍摄角度，再运用色彩、对比、明暗、虚实等手段，通过一些艺术技巧和专业知识加工而成的具有视觉冲击力或表现力的画面。摄影构图与摄像构图同源同理，只是摄影构图是静态构图，而摄像构图除了静态构图，还有运动镜头构图，更加复杂一些。

（1）主次关系。

影音画面构图的主次关系主要指主体和陪体的关系、主要物体和次要物体的关系，以及物体与背景的关系。一幅照片如果只有主体而无陪体，画面就会显得呆板，但在画面上必须突出主体，陪体不能喧宾夺主，并且要弃繁就简，必要时可改变拍摄位置和角度，或者去掉不必要的部分，以达到画面简洁、突出主体的效果。通过对前景、后景的处理，运用前面物体和后面物体的透视关系，可创造出非常强烈的空间感和具有深远效果的画面，如图 2-6 所示。

图 2-6　构图中的主次关系

（2）虚实关系。

在拍摄时，通过控制镜头的光圈大小、拍摄距离及焦距等参数，可以获得不同的景深范围，从而创造出虚实结合效果的画面。一幅画面，如果哪儿都清楚，处处都实在，使人一览无余，就会缺乏回味之处。有实有虚，虚实相对，若隐若现，才会更加耐人寻味，如图 2-7 所示。

图 2-7　构图中的虚实关系

提示

注意，在实际构图中，主次关系和虚实关系通常是一起处理的，共同营造画面效果。

（3）疏密关系。

"疏可走马，密不阻风"，虽然这句话是中国画的"画理名言"，但是对于拍摄构图来讲也极具借鉴意义。疏与密本身在画面中就形成了一种对比关系，使画面产生一种意境、一种美感。如果在构图时过于稀疏，就会给人一种没有主题、没有重点、松散、杂乱的感觉；如果在构图时过于紧密，就会给人一种拥挤、压迫、不透气的感觉，也会使摄影构图显得呆板、阻滞，影响画面主题的表达，因此要注意"疏"而不松、"密"而不挤，保证视觉中心的关联性，如图2-8所示。

图2-8 构图中的疏密关系

（4）明暗对比关系。

由于被拍摄对象的自身颜色、光线强弱等不同，会产生明显的明暗反差，这样就会使二维图像产生三维空间感，对于刻画人物、静物等的立体效果非常有帮助。明暗对比关系主要指画面中黑、白、灰的安排和布局，被拍摄对象本身的固有色应有深浅的对比变化和借助光线照射所产生的明暗变化，从而加深衬托和对比。在思考画面构图的时候，应合理利用现场条件的明暗对比，形成暗中有明、明中有暗或明暗相间等效果，使画面产生丰富的层次感，如图2-9所示。

图2-9 构图中的明暗对比关系

4. 影音画面构图的常见形式

"构图有法而无定法"，对于初学者而言，掌握影音画面构图的常见形式能快速提高拍摄水平，有利于借鉴和传承经典，在熟练掌握常见构图形式的基础上，实现构图的突破与挑战。下面介绍几种影音画面构图的常见形式。

（1）黄金分割法构图。

黄金分割法是传统构图中最常用的一种方法。在一幅摄影作品中，把主要人物或物体放在黄金分割点（1∶1.618）的周围，构图就会显得自然、舒服、赏心悦目，如图2-10所示。

图2-10　黄金分割法构图

（2）三分法构图。

三分法又称为井字分割法，是一种古老的构图方法，把画面的长和宽平均三等分，四条分割线有四个交叉点，这四个交叉点被认为是视觉重点，这四条分割线的位置也是放置被拍摄对象的理想位置，如图2-11所示。三分法与黄金分割法类似，但在比例上略有不同。

图2-11　三分法构图

（3）垂直式构图。

垂直式构图常用来表现耸立、雄伟的画面，或者利用被拍摄对象现有的竖条元素作为背景，体现画面的趣味性，如图2-12所示。

图 2-12　垂直式构图

（4）水平式构图。

水平式构图给人以平静、开阔、空旷的感觉，多用来表现平坦、宁静、抒情的画面。水平式构图往往和黄金分割法构图、三分法构图结合使用，如图 2-13 所示。

图 2-13　水平式构图

（5）曲线式构图。

曲线式构图富于变化和美感，一波三折，极有情趣，是拍摄风景常用的一种构图方法。在进行人像摄影时，也可充分利用被拍摄对象自带的曲线背景，如图 2-14 所示。

图 2-14　曲线式构图

（6）框架式构图。

框架式构图多利用景物的特定形状组成画面的整体轮廓，如利用建筑、窗口、城堡、树干、框角等。框架式构图有利于突出主体，可遮挡不必要的元素，增加画面层次，渲染画面氛围，中式建筑尤其适用于框架式构图，如图 2-15 所示。

图 2-15　框架式构图

（7）对称式构图。

对称式构图是以一个点或一条线为中心的构图方法，画面两边的形状和大小一致且呈现对称性，主体的色彩、影调、结构均统一和谐，表现一种平衡、稳定、呼应的美感，如图 2-16 所示。

图 2-16　对称式构图

（8）对角线构图。

对角线构图是利用画面对角线进行构图，可以更好地展示物体的运动状态和表达人物的情感。通过将对象放置在画面对角线上，可以突出物体的对称性和相对位置关系，也可以凸显人物的姿态和表情，使人或物看起来更加立体和生动。同时，对角线可以经过被拍摄对象的侧面或背面，进一步突出被拍摄对象的立体效果。利用对角线构图可以保持画面的平衡感和稳定性，利用前后景的虚化来突出画面主体，提高画面动态感和层次感，增强视觉冲击力，如图 2-17 所示。

图 2-17　对角线构图

（9）三角形构图。

三角形构图又叫作金字塔构图，指图中的主要元素形成一个三角形轮廓，或者有三处主要元素最为突出，这三处主要元素可以连成一个三角形，如正三角形、倒三角形等。正三角形画面最为稳定，适合拍摄建筑、合影等。倒三角形画面活泼生动，适合拍摄人像、美食等。将不同形状的三角形结合，可以达到主次分明、疏密相间、富于变化的效果，如图 2-18 所示。

图 2-18　三角形构图

5. 拍摄角度对构图的影响

（1）平摄角度。

平摄角度指镜头与被拍摄对象处在同一水平线进行拍摄的角度，这样的镜头角度比较符合人们的视觉习惯，画面效果比较稳定，容易使观众产生认同感，让人有置身其中的感觉。

① 拍摄点与被拍摄对象处于同一水平线上。

② 所形成的透视感比较正常，不会使被拍摄对象因透视变形而产生歪曲。

③ 缺陷与不足在于，处于同一水平线上的前后各种景物相对地被压缩在一起，缺乏空间透视效果，不利于突出层次，如图2-19所示。

图2-19　平摄角度构图

（2）仰摄角度。

仰摄角度指镜头拍摄角度低于被拍摄对象，从下至上进行观察并拍摄的角度。这种角度会产生主体下宽上窄的变形效果，在使用广角镜头时尤为明显。使用仰摄角度拍摄会带来近大远小的夸张变形，可增强画面视觉冲击力，净化环境和背景，有利于突出主体，能增加被拍摄对象的高度。若贴近地面进行仰摄，则可夸张地表现运动对象的腾空、跳跃等动作，具有很强的视觉冲击力，并产生比实际更强烈的感受，如图2-20所示。

图2-20　仰摄角度构图

① 拍摄点低于被拍摄对象。

② 能够改变前后景物的自然比例，产生一种异常的透视效果。

③ 如果仰摄角度运用不当，则画面容易产生严重变形或使直立的物体向后倾倒的效

果，损害被拍摄对象的正常形象。

（3）俯摄角度。

俯摄角度是拍摄位置高于被拍摄对象，形成由上往下的拍摄角度。俯摄角度可纵观全局，拍摄整体环境，交代背景信息，使画面更有冲击力。俯摄视野开阔，更有利于表现浩大的场景，如图 2-21 所示。

① 拍摄点高于被拍摄对象。

② 有助于表现盛大的场面，交代对象的地理位置，产生丰富的景深和深远的空间感。

③ 若俯摄角度运用不当，则会对人物形象起到丑化的作用。

图 2-21　俯摄角度构图

综上所述，好的影音画面构图要综合考虑以下几方面。

- 有一个明确的主题，通过画面告诉观众一件事或一个故事。
- 有一定的视觉冲击力，能把观众的视线很快地吸引过来。
- 画面要简洁，构图要合理。
- 注意用合适的拍摄角度。

 **课后习题**

把文件夹《完美的构图》中的构图作品，按照不同的景别、构图方式进行分类，以强化对构图知识的认识。

2.2 协调的色彩

知识概述

（1）掌握色彩在影音画面中的运用。
（2）掌握不同色彩所表达的情绪。
（3）掌握基本的配色方案。
（4）理解不同风格影视片所使用的色彩类型。

著名摄影师斯托拉罗曾经说过：色彩是电影语言的一部分，我们使用色彩表达不同的情感和感受，就像运用光与影来表达生与死一样。张艺谋也曾经在接受记者采访时说："我认为在电影的视觉元素中，色彩是最能唤起人的情感波动的因素。"的确，色彩是最具有感染力的视觉语言。色彩作为影视造型艺术的一个重要视觉元素，除能还原景物的原有色彩外，还能传递感情，表达情绪。色彩不但可以表现思想主题、刻画人物形象、体现时空转换、创造情绪意境、烘托影片气氛，而且是构成影片风格的有力艺术手段。当然，由于人们对不同色彩有不同的生理、心理反应，因此形成了色彩的情感作用。

1. 不同色彩的表达效果

不同的色彩赋予影视作品不同的氛围，表达不同的情绪。人类的色彩语言有着相似之处，这是由人的视觉生理共同规律所决定的。冷暖色是由光的波长决定的，波长较长的暖色对视网膜冲击强烈，有扩张感，让人兴奋；而波长较短的冷色则相反，会使视网膜收缩，让人感到压抑。

暖色代表不安、暴力、刺激、温暖、活力等，又常常使影像有突出、前进的感觉。冷色容易让人产生安静、孤独、隐蔽、退后、收缩的视觉联想。具体到每个色彩，对人又有着不同程度的情绪作用，下面进行详细介绍。

（1）红色。

红色有很强的穿透力，是太阳和火焰的色调，代表温暖、热量，是爱情、热情、冲动、激烈等感情的象征。红色给人的视觉感受是热烈、活跃、蓬勃向上的。红色是最强有力的色彩，还象征着躁动、革命。常被作为影片突出的饰物和象征性的幕景，红色代表作有《红高粱》《大红灯笼高高挂》，如图 2-22 所示。

（2）黄色。

黄色给人以明朗和欢乐的感觉，常被用来象征幸福和温馨。黄色明度高，容易从背景中显现出来，具有引人注目、吸引观众视线的效果。只要在纯黄色中混入少量的其他颜色，其色相和色调就会发生较大的变化。黄色代表作有《木乃伊》《末代皇帝》，如图2-23所示。

图2-22　红色代表作

图2-23　黄色代表作

（3）蓝色。

蓝色能给人一种冷的感觉，所以其象征着寒冷。蓝色还包含抑郁和忧伤的情感。歌德在《色彩理论》中曾经谈道：蓝色是一种能量，它处于负轴，最纯粹的蓝色是一种夺人的虚无，是蛊惑与宁静这对矛盾的综合体。蓝色是朴实、内向的色调，常为那些色调活跃、具有较强扩张力的色彩提供深远、平静的空间。蓝色还是一种在淡化后仍然能保持较强个性的颜色，即使在蓝色中分别加入少量的红、黄、黑、橙、白等颜色，也不会对蓝色的色调构成较明显的影响。蓝色代表作有《碧海蓝天》《海上钢琴师》，如图2-24所示。

（4）绿色。

绿色具有黄色和蓝色两种颜色成分。绿色将黄色的扩张感和蓝色的收缩感相中和，也将黄色的温暖感与蓝色的寒冷感相抵消，使得绿色的色调最为平和、安稳，绿色成为一种柔顺、恬静、满足、优美的颜色。绿色是自然中最生机盎然的颜色，是红色的对比色，给人一种平静、稳定、希望的感觉，也是一种最适宜人的眼睛的颜色。绿色象征着和平，代表着春天。绿色代表作有《菊次郎的夏天》《乱世佳人》，如图2-25所示。

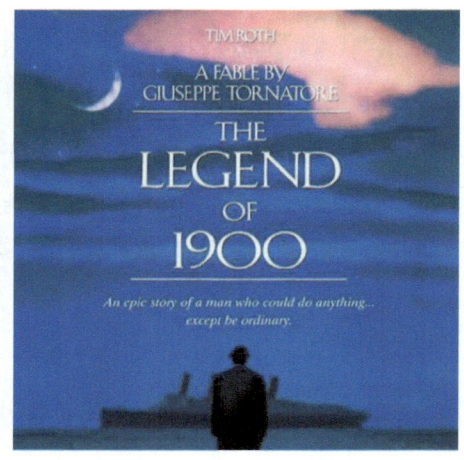

图 2-24　蓝色代表作

图 2-25　绿色代表作

（5）黑色与白色。

黑色与白色是无彩色，和其他有彩色一样，也起到表达情感的作用。黑色往往使人联想到死亡、忧愁，易让人产生失望、黑暗、阴险、罪恶的感觉。白色使人联想到光明、清晰、神圣，易让人产生纯洁、淡雅、稳定的感觉。因为黑色和白色分别是所有色彩中明度最低和最高的颜色，所以黑色又给人以低沉、凝重、庄严等感觉，而白色又给人以虚无、冷淡、和平等感觉。黑色与白色代表作有《哈利波特与密室》《教父》，如图 2-26 所示。

图 2-26　黑色与白色代表作

在制作影视片时，我们不需要了解太专业的色彩原理，但多了解一些常用的色彩搭配方法还是很有必要的。很多人在制作影视片时技术很娴熟，但制作的作品却不好看，很大一部分原因就是色彩搭配出了问题。想要熟练掌握色彩搭配，唯一的方法就是多看、多学、多做，模仿是学习的捷径。下面列出一些影视画面色彩搭配的经典案例，供读者欣赏和学习。

2．影视画面色彩搭配经典案例

视频是视觉加听觉的艺术，色彩是影视艺术的基本构建元素，可以叙述事物、交代环境、增强视觉形象、烘托影片氛围、表达人物感情、产生情感互动、确立和展现整部影片的总体情绪和主题基调、表现影片的风格，还可以生动地表现幻觉、回忆和现实之间的不同情调，转换不同时空内的情节，创造特殊的审美趣味。影视画面中的色彩常被导演用来传达特定的主题和象征意义。

（1）在《楚门的世界》中，蓝色是影片的主题色，梦幻且虚假，明媚且孤独，纯净梦幻的大海与天空是乌托邦，更是束缚自由的牢笼，如图2-27所示。

图 2-27　《楚门的世界》

（2）在《雪莉：现实的愿景》中，黄色的房子在清晨的阳光中显得温暖和明亮，蓝天和绿树入画给人以清新的感觉，浅蓝色的裙子尽显恬静与温柔，如图2-28所示。

图 2-28　《雪莉：现实的愿景》

（3）在《布达佩斯大饭店》中，通过阴影、深色、浅色的方式扩展单个色调，使用单色配色方案，既保留了色调的完整性，又体现出颜色的明暗对比，共同营造出一种柔软、舒缓、和谐的感觉，将观众带进神秘又浪漫的氛围中，如图 2-29 所示。

图 2-29　《布达佩斯大饭店》

（4）在《影》中，从水墨画中寻得的创意，用更加高远的水墨色来体现浓淡干湿。

图 2-30　《辛德勒名单》

（5）在《雨果的故事》中，运用高对比度的红色、金色来创造一个奇幻的世界，营造工业时代的氛围，如图 2-31 所示。

图 2-31　《雨果的故事》

（6）在《长安三万里》中，画面大部分都是以红色、黄色、绿色、蓝色和黑色为主色调的，代表大唐的繁荣，为观众带来画卷般的视觉感受和极致的东方美学，是一场极具中国特色的审美之旅，如图 2-32 所示。

图 2-32 《长安三万里》

2.3 镜头的衔接

知识概述

（1）掌握镜头景别的分类。
（2）掌握运动镜头的分类。
（3）掌握镜头衔接的原则。

什么是镜头？通俗地说，摄影机在一次开机到停机之间所拍摄的连续画面就称为镜头。镜头是构成影片的基本单位。

1. 镜头的景别

前面已经介绍过景别，这里再复习一下。景别是被拍摄对象和画面在电视屏幕框架中所呈现的大小和范围。景别可分为远景、全景、中景、近景、特写。

在影视拍摄中还沿用着另外一些景别名称，如"大远景""大全""小全""人全""中全""半身""中近""近特""大特写"等，是以上五种景别更细致的分类。

2. 运动镜头

运动镜头是指通过摄影机的连续运动或连续改变光学镜头的焦距而拍摄的镜头。在影视作品中，处于静止状态的画面是不多见的，大多数都是运动镜头。一个运动镜头一般是静止镜头起幅，中间为运动镜头，静止镜头落幅。为了后期编辑方便，运动镜头的起幅和落幅要停留 5 秒以上。运动镜头主要包括推镜头、拉镜头、摇镜头、移镜头、跟镜头等。

（1）推镜头。

摄像机对着被拍摄对象向前推进的拍摄方法称为推镜头。推镜头主要有以下几个作用。

- 突出主体或重点对象。
- 突出细节或重要情节。
- 介绍整体与局部、客观环境与主体人物的关系。
- 推镜头速度的快慢可以影响和调整画面节奏。
- 可以加强或削弱被拍摄对象的动感。

（2）拉镜头。

摄像机对着被拍摄对象向后拉远的拍摄方法称为拉镜头。拉镜头主要有以下几个作用。

- 可形成视觉后移的效果。
- 使得被拍摄对象由大变小，周围环境由小变大。
- 交代背景。

（3）摇镜头。

中心位置不变，向纵横各方向摇摄的拍摄方法称为摇镜头。摇镜头主要有以下几个作用。

- 展示空间，扩大视野。
- 小景别画面包含更多的视觉信息。
- 介绍同一个场景中两个被拍摄对象的内在关系。
- 可以摇出意外的画面，制造悬念。

（4）移镜头。

滑动拍摄方法称为移镜头，其作用与摇镜头作用十分相似，但视觉效果更为强烈。移镜头主要有以下几个作用。

- 表现大场面、大景深。
- 表现某种主观倾向。
- 摆脱定点拍摄，产生多样化的视角。

（5）跟镜头。

摄像机跟随运动的被拍摄对象进行拍摄的方法称为跟镜头。跟镜头主要有以下几个作用。

- 连续且详细地表现被拍摄对象的动作和表情。
- 既能突出运动中的被拍摄对象，又能交代被拍摄对象的运动方向、速度、体态及其与环境的关系。
- 被拍摄对象只有一个。
- 和被拍摄对象的视点统一。

3. 镜头的衔接

镜头的衔接又称为"蒙太奇"。简要地说,蒙太奇就是根据影片所要表达的内容和观众的心理顺序,将一部影片分别拍摄成许多镜头,再按照原定的构思衔接起来,有时会出现非凡的效果。

(1)第一张图片+第二张图片=孩子饿了,如图 2-33 所示。

图 2-33　镜头衔接方式一

(2)第一张图片+第二张图片=孩子想玩,如图 2-34 所示。

图 2-34　镜头衔接方式二

(3)第一张图片+第二张图片=孩子想妈妈,如图 2-35 所示。

图 2-35　镜头衔接方式三

（4）把镜头按照不同的顺序连接起来，就会出现不同的内容与意义。

- 按照 A、B、C 顺序连接：孩子本来很高兴，在看到猫后哭了。结论：孩子怕猫，如图 2-36 所示。

A　　　　　　　　　B　　　　　　　　　C

图 2-36　镜头衔接方式四

- 按照 C、B、A 的顺序连接：孩子本来很难过，在看到猫后笑了。结论：孩子喜欢猫，如图 2-37 所示。

C　　　　　　　　　B　　　　　　　　　A

图 2-37　镜头衔接方式五

- 按照 A、C、B 的顺序连接：孩子本来很高兴，突然哭了，猫看着孩子哭。结论：不知道孩子是否喜欢猫，如图 2-38 所示。

A　　　　　　　　　C　　　　　　　　　B

图 2-38　镜头衔接方式六

如此这样，改变一个场景中镜头的次序，而不改变每个镜头本身，就完全改变了一个场景的意义，从而得出不同的结论，得到完全不同的效果。蒙太奇还被广泛应用于专业技能镜头的拍摄，如表演者做出投篮动作的中景镜头接篮球进筐的近景镜头、表演者写作业的近景镜头接铅笔在纸上写字的特写镜头等，这些动作均可以由不同的人完成，通过蒙太奇技巧衔接在一起，观众在视觉上会感到流畅自然，达到情节推进的效果，如图 2-39 所示。

图 2-39　镜头衔接方式七

4．镜头衔接的技巧

（1）景别的变化要"循序渐进"。

- 前进式变化：景别变化为全景—中景—近景—特写，来表现越来越高涨的情绪，镜头逐渐拉近，细节越来越清楚，情绪也越来越高涨，渲染越来越浓厚的气氛，如图 2-40 所示。

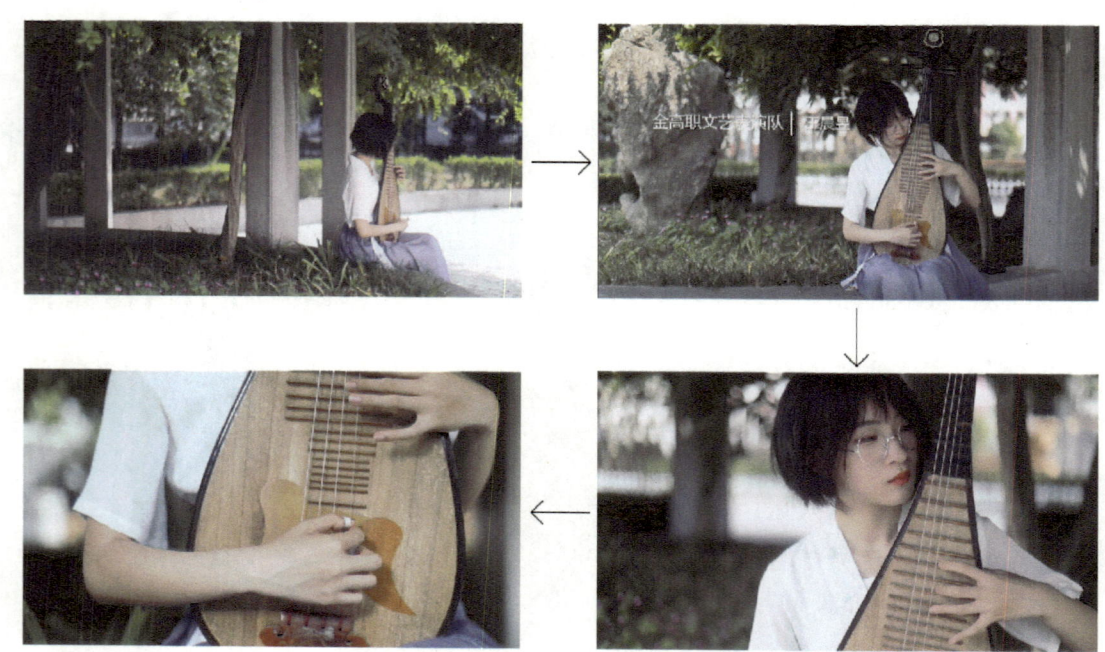

图 2-40　前进式变化的景别

- 后退式变化：景别变化为特写—近景—中景—全景，来表现越来越低沉、平静的情绪。把观众的视线由细节引向整体，使人的情绪由激动自然地平静下来，形成一种节奏上的完整感。运用后退式变化可以制造某种悬念，先突出局部，使观众产生一种期待心理，再交代整体，营造先声夺人的效果，如图2-41所示。

图 2-41 后退式变化的景别

- 环形变化：景别变化为全景—中景—近景—特写，再变化为特写—近景—中景—远景，或者反过来运用，来表现由低沉到高昂，再由高昂转向低沉的情绪。

（2）同机位、同景别的衔接。

- 在衔接镜头时，如果遇到同一个机位，那么同景别且同一个被拍摄对象的画面是不能衔接在一起的。因为这样衔接在一起的镜头景物变化小，画面看起来雷同，衔接在一起好像同一个镜头不停地重复。另外，这种镜头衔接在一起，只要画面中的景物稍有变化，就会在人的视觉中产生跳动，或者好像一个长镜头断了好多次，有"拉洋片""走马灯"的感觉，破坏了画面的连续性，如图2-42所示。

图 2-42 同机位、同景别的镜头衔接

- 在遇到上述情况时，可以采用过渡镜头，如从不同角度拍摄后再衔接，穿插字幕过渡，让被拍摄对象的位置和动作有所变化，这样衔接后的画面就不会产生跳动、断续和错位的感觉，如图2-43所示。

图 2-43　采用过渡镜头

（3）镜头衔接应遵循的规律。

如果画面中同一个被拍摄对象或不同被拍摄对象的动作是连贯的，则衔接镜头时可以动作接动作（"动接动"），达到顺畅、简洁过渡的目的。如果两个画面中被拍摄对象的运动是不连贯的，或者它们中间有停顿，那么这两个镜头的衔接必须在前一个画面动作完全停下来后，再接下一个从静止开始的运动镜头，这就是"静接静"。当使用"静接静"衔接镜头时，前一个镜头结尾停止的片刻称为"落幅"，后一个镜头运动前静止的片刻称为"起幅"，落幅与起幅的时间间隔为一两秒。衔接运动镜头和固定镜头，同样需要遵循这个规律。如果一个固定镜头接一个摇镜头，则摇镜头要有起幅；相反，如果一个摇镜头接一个固定镜头，那么摇镜头要有落幅，如图2-44所示。否则画面就会给人一种跳动的感觉。有时为了达到特殊效果，也会有"静接动"或"动接静"的镜头。

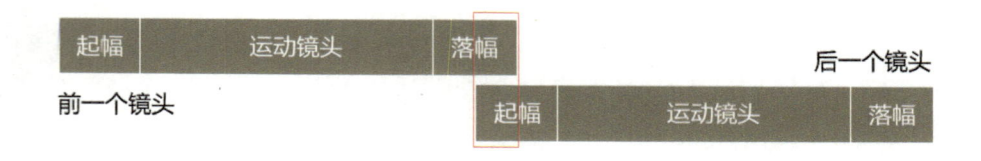

图 2-44　运动镜头的衔接

（4）镜头衔接的时间长度。

- 远景。远景是视距最远的景别，它视野开阔，景深悠远，主要表现远距离的人物和广阔的自然环境或气氛，往往内容的中心不明显。远景以环境为主，可以没有人物，即使有人物也仅占很小的部分。远景的作用是展示巨大的空间、介绍环境，以及展现事物的规模和气势，拍摄者也可以用它来抒发自己的情感。使用远景的持续时间应在10秒以上。
- 全景。全景包括被拍摄对象的全貌和它周围的环境。与远景相比，全景有明显地作为内容中心、结构中心的主体。在全景画面中，无论是人物还是物体，其外部轮廓线条及相互之间的关系都能得到充分展示，环境与人的关系更为密切。同时，全景有利于表现人和物的动势。在使用全景时，持续时间应在 8 秒以上。

- 中景。中景包括被拍摄对象的主要部分和事物的主要情节。在中景画面中，主要的人和物的形象及特征占主要部分。在中景画面中可以清楚地看到人与人之间的关系和感情交流，也能看清人与物、物与物的相对位置关系。因此，中景是拍摄中常用的景别。在用中景拍摄人物时，多使用人物的动作、手势等富有表现力的画面，环境则退到次要地位，这样更有利于展现事物的特殊性。在使用中景时，持续时间应在 5 秒以上。

- 近景。近景包括被拍摄对象更为主要的部分（如人物上半身），用以细致地表现人物的精神和物体的主要特征。近景画面可以清楚表现人物心理活动的面部表情和细微动作。在使用近景时，持续时间应在 3 秒以上。

- 特写。特写表现被拍摄对象某个局部（如人物肩部以上）的特征，它可以做更细致的展示，揭示特定的含义。特写展示的内容比较单一，起到放大特征、深化内容、强化本质的作用。在具体运用时主要用于刻画人物的心理活动和表达情绪，起到震撼人心、引起注意的作用。特写空间感不强，常常被用来做转场时的过渡画面。特写能给人以强烈的印象，因此在使用时要有明确的针对性和目的性，不可滥用。在使用特写时，持续时间应在 1 秒以上。

2.4 稿本的写作

知识概述

（1）掌握影视稿本的定义。
（2）掌握影视稿本的基本格式。
（3）能把小说改写为影视稿本。
（4）能创作出影视稿本。

这里所讲的稿本特指"影视稿本"（"分镜头稿本"或"分镜头脚本"）。那么，什么是影视稿本呢？

影视稿本就是将原始的文字材料设计为一个个小的分镜头，镜头是构成画面的基本单位，把若干镜头合乎逻辑、有节奏地衔接起来，就可以构成完整的视觉画面。分镜头稿本是拍摄和制作的蓝图和依据，是对文字材料应用影视画面语言进行再创作的过程。

1. 影视稿本范例

著名的动画导演宫崎骏有一部代表作——《千与千寻》，其中有一个千寻和爸爸、妈妈到一个房子入口的片段，下面来看这个片段是如何以影视稿本的形式来呈现的，如表 2-1 所示。

表 2-1　千寻一家初到房子入口片段

序号	景别	画面	同期声
1	全景（左右摇摄）	草原上的房子	
2	近景	一个女孩很惊讶地看着远方	女孩：这个地方居然有房子
3	中景	女孩迷茫地看着爸爸，妈妈也惊奇地看着爸爸，爸爸很骄傲地说	爸爸：果然没错，这里是以前主题公园的残骸
4	远景（从上往下摇摄）	从钟楼摇摄到房子再到人，爸爸走过去了，接着妈妈也走过去了，女孩在爸爸和妈妈后面喊着	爸爸：20世纪90年代的时候到处都在筹备开发，后来金融泡沫破裂了，大部分人都破产了，这一定也是当年所建成的。 女孩：还要走过去啊，爸爸，回去啦
5	中景	从后面的钟楼吹来一阵风，女孩回头看	风声
6	中景	钟楼顶端	
7	近景	女孩很害怕地看了一下钟楼后跑走了	
8	全景（侧面）	爸爸走在前面，妈妈在后面跟着，女孩急匆匆地赶上，挽着妈妈的胳膊。妈妈和女孩回头看	女孩：妈妈，那座建筑在叫！ 妈妈：是风声吧，真是个好地方啊
9	中景	妈妈微笑着说。 女孩很害怕地看着身后的钟楼	妈妈：把车上的三明治带下来就好了
10	远景	爸爸走在石头做成的楼梯上，妈妈和女孩也跟来了	爸爸：这里原来要被开发成一条河
11	近景	爸爸和妈妈嗅着远处的味道	爸爸：有没有闻到什么？有股很香的味道。 妈妈：真的呢！ 爸爸：说不定这里还有摆摊的呢！ 妈妈：千寻，快一点儿

2. 影视片段的要素分析

① 假设无同期声，就是哑剧。没声音，再好的戏也不好演。
② 假设无画面，就是音乐或电台广播、说书，加旁白才行。
③ 假设无序号，故事情节就不会按照常理顺序发展，或者会产生完全不同的效果。
④ 假设无景别，在完成拍摄时就会没有框定的范围。

3. 标准影视稿本的格式

标准影视稿本的格式如表 2-2 所示。

表 2-2　标准影视稿本的格式

序号	景别	画面	同期声	解说词	音乐	字幕	其他

4. 解说词的作用

解说词和同期声的区别：同期声是现场声，由被拍摄对象发出，是拍摄时的现场录音；解说词是一种配合视频来说明、解释人物或事物的应用文体，通常为额外录制，再后期制作到影视片中。解说词和同期声均为影视片不可缺少的部分，其中解说词的主要作用有下面几点。

（1）弥补画面的不足。

对画面进行正确说明，防止观众不解或误解。解说词必须说明画面所不能表现的内涵，直截了当地说明主体是什么、在干什么，以及因果关系是什么。

（2）拓展画面内涵。

解说词的深化作用表现在能够加强画面的感知力，起到"话外有画"的作用。这便要求解说文字语言优美，布局跌宕起伏。

（3）强化画面秩序。

在不同题材的影视片中，对于同一个画面，不同的人可能会有不同的理解，解说词能够说明确切的概念，准确地传情达意，概括、提炼出准确的信息内容和思想内涵，帮助观众真正领会深刻的主题思想。

5. 影视稿本的写作

为了便于读者学习影视稿本的写作，我们先从将已有的文案改写为影视稿本练起，《人民日报》中有一篇经典的主题时评，具体内容如下。

> 一盏枯灯一刻刀，一把标尺一把锉，构成一个匠人的全部世界。别人可能觉得他们同世界脱节，但方寸之间他们实实在在地改变着世界：不仅赋予器物以生命，更刷新着社会的审美追求，扩充着人类文明的边疆。工匠精神从来都不是什么雕虫小技，而是一种改变世界的现实力量。坚守工匠精神，并不是把"拜手工教"推上神坛，也不是鼓励离群索居、"躲进小楼成一统"，而是为了擦亮爱岗敬业、劳动光荣的价值原色，高树质量至上、品质取胜的市场风尚，展现创新引领、追求卓越的时代精神，为中国制造强筋健骨，为中国文化立根固本，为中国力量凝心铸魂。

我们先分析一下这段文字。这段文字大气磅礴，正能量满满，请读者在脑海中想象一下，这样一段文字如何用影视语言来呈现呢？假设现在你在看纪录片《人民日报·大国工匠》，那么这一集在电视里会是什么样的呢？改编后的部分影视稿本如表2-3所示。

表 2-3 改编后的部分影视稿本

序号	景别	画面	解说词
1	近景	一位中年工匠手持一把刻刀，正在精心雕刻模具	一盏枯灯一刻刀
2	特写	刻刀反射着金属光泽，被流畅地用在模具上	
3	特写	工匠坚毅的眼神	
4	特写	一把用旧的标尺被一双布满老茧的手从桌上拿起	一把标尺一把锉
5	近景	工匠用标尺测量模具长度	
6	特写	一把锉刀打磨着模具边缘，粉尘四溅	
7	全景	工匠坐在明处专心致志地工作，不远处一盏昏黄的灯若隐若现	构成一个匠人的全部世界
8	远景	生产车间里有两排正在工作的工匠	别人可能觉得他们同世界脱节
9	全景	几名工人正操作着不同的机器	但方寸之间他们实实在在地改变着世界
10	中景	两名工人在合作操作机器	不仅赋予器物以生命
11	近景	两名工人在交流生产经验	更刷新着社会的审美追求
12	中景	几名工人坐在从生产车间窗户投射进来的阳光下，抬头微笑	扩充着人类文明的边疆
13	近景	木工、铁工、陶工、织工、雕刻等多种技能的工匠展现技术	工匠精神从来都不是什么雕虫小技
14	远景	身着不同工作服的工匠并排走向高楼大厦	而是一种改变世界的现实力量

文案与影视稿本的不同点如下。

- 文案可以综合运用叙述、描写、抒情、议论和说明等多种表现手法来刻画人物，表现社会生活；而影视稿本则主要运用记叙与描写的手法来刻画人物，所写的文字大多能转换成具体的画面，产生可视化的效果。
- 文案的语句长短皆可，口语、书面语皆可；影视稿本的语句多用短句，同期声常包含口语，而解说词少用生活化的语言。
- 小说可以运用多种修辞方法，使语言更生动，从而加强表达效果；影视稿本基本上都用能转换成动作与画面的修辞手法，但对话中的抒情除外。

有时，为了拍摄方便，影视稿本会和拍摄计划结合在一起撰写，如在拍摄《少年工匠向祖国献礼》影视片时，因为涉及的部门和人员非常多，需要协调的内容也很多，所以把拍摄时间、画面、拍摄地点、特殊需求和承担拍摄的项目组等信息整合在一张表中，如表 2-4 所示。

表 2-4 《少年工匠向祖国献礼》影视片开场部分影视稿本

序号	拍摄时间	画面	拍摄地点	特殊需求	项目组
1	12 日全天	取工具（特写）学生擦拭金字校名	光华路校门口	4 名男生 校服+红马甲	影视 B
		琵琶弹奏	光华路池塘	穿汉服弹《我和我的祖国》前奏	影视 A 航拍

续表

序号	拍摄时间	画面	拍摄地点	特殊需求	项目组
1	12日全天	长笛吹奏	光华路	演奏《我和我的祖国》前奏	影视B
2	16日上午	形象设计专业学生为其他同学在脸颊上彩绘国旗 数字媒体专业学生在拍摄镜头	光区A208阶梯教室	本班4名男生和出镜摄像统一穿蓝色夏季校服、卡其色校裤 出镜摄像外穿小树莓摄影背心	影视B
3	16日上午	在广场升国旗，在国旗下演讲	光区雕塑广场	国旗班同学统一着装 晨会上领导协助管理学生站姿	影视A
4	15日下午	从天安门水晶球特写切换至一个水晶球和背景有两个人在画天安门（变焦镜头，从水晶球变至背景的两个人），镜头变焦的同时，移动镜头让背景的两个人处于画面中间，至两个人在中间停止，两个女孩在画架上绘制天安门和长城，天安门画在中间位置，两个人侧脸相视微笑，过肩镜头，天安门在中间位置	光区雕塑广场	两名女生穿白色T恤加红色百褶裙（小树莓提供） 天安门和长城的素描画和水粉画、画架	影视A
5	17日上午	举纸板表白祖国	教室、汽修楼、光区雕塑广场	3个地点，每个地点两名学生，统一穿校服 3块表白纸板	影视A
6	17日上午	举纸板表白祖国 空乘班学生摆造型 挥舞小红旗	双区	50面小红旗 1块表白纸板、2名学生在双区门口举牌表白 着职业装的空乘学生	影视B 航拍
7	17日下午	学校教职工等人的快剪	光华路	4名教职工，其余随机	影视A
8	18日上午	街舞（利用舞步转场，转入下一个镜头，一个近镜头划过转入下一个镜头） 在街舞快结束时拉出来旁边的舞龙舞狮（几个特写镜头，之后一个俯拍大全景，再切入下一个镜头）	雕塑广场	两个人跳街舞，穿黑色T恤、白鞋 舞龙队穿表演服	影视B
9	18日上午	音乐老师跟着音乐节奏打拍子，同学们做即将要开唱的准备 一个全景框，之后一个过肩镜头	光区报告厅	学生唱歌曲前奏部分"啦啦啦"	影视A

制作影视片的基本顺序：创意构思—影视稿本—准备素材（含拍摄）—编辑制作—特效制作—合成影片。影视稿本是最重要的一个环节，制作影视片的一切工作都要围绕影视稿本展开。读者在学习过程中要多积累，努力提高自己的写作能力，绝不能仅满足于掌握娴熟的制作技术。

2.5 必要的拉片

知识概述

（1）能高度概括影视片的主要内容。
（2）能提炼影视片的核心主题。
（3）能拆解和分析影视片的镜头语言。
（4）能掌握影视片中的拍摄技术。
（5）养成定期拉片的习惯。

一名合格的剪辑师，懂得视听语言是最重要的基本功，而提升这方面技能最好的办法就是拆解经典的影视片，并反复观看经典的视频，学习声画组合的方法，学会用光影和声音来传递故事和情感，同时提升剪辑水平，这就是业内俗称的拉片。

1. 对影视片进行多方面评价

影评是对一部电影的导演、演员、镜头语言、拍摄技术、主题、剧情、线索、环境、色彩、光线等进行分析和评论。这里简化为对一部电影的剧情、主题、镜头语言、拍摄技术的评论，必要时补充对色彩和光线的评论，如对纪录片《我们诞生在中国》的故事进行评论。

（1）影视片的故事。

《我们诞生在中国》以三个野生动物家庭为主线，栖息于四川竹林的大熊猫、隐居于雪域高原的雪豹，以及攀缘于神农架的金丝猴成为该影片的三组主角。圆滚滚的大熊猫可爱得让人无法抗拒，雪豹如其名字一样身上如雪般洁白，穿梭于林间的金丝猴更是以其活泼的天性吸引观众。

每个野生动物家庭都是一组主角，如果说父母负责捕猎养家，那么宝宝们就负责萌字当头、貌美如花。大熊猫幼崽不安于母亲时时刻刻地看护，总想逃出怀抱去感受外面的世界，却一次次滚落斜坡；当雪豹妈妈为了生存而铤而走险时，两只雪豹宝宝依旧无忧无虑地玩耍嬉戏；小金丝猴因家庭矛盾离家出走，与一群同样淘气的伙伴游走于丛林间。藏羚羊和在中国古代被奉为仙鹤的丹顶鹤也客串出镜，在广袤的草原和湿地中繁衍生息。《我们诞生在中国》影视片画面如图2-45所示。

（2）影视片的主题评析。

"在中国的童话故事里，当一个生命逝去时，被称为仙鹤的丹顶鹤，就会承载着它的灵魂，重新开始生命的轮回。从结束到开始，时间推动着生命不断轮回。死亡不是终点，它仅仅是生命循环往复的一个路标。"这是讲述自然生命轮回的故事，是一个证明大自然间的亲情绝对不亚于人类间的亲情的故事。配上富有神秘感的旁白，这些自然主角们的内心被生动地展示出来，并没有强加赋予，而是用一种拟人的方式，让观众更多地了解动物的生存方式。这些自然主角一样有家人，需要爱，有追求，也面临着和人类一样的问题。影片中，雪豹达娃妈妈为了孩子的食物拼死与岩羊母亲做斗争，金丝猴淘淘为了自己的二胎妹妹与苍鹰之间展开了速度和激情的较量，大熊猫丫丫母亲看到孩子美美能顺利爬树后饱含深情地悄然离开。这部影片通过展现动物生活，挖掘人类世界中更高一层的情感，而不是"物竞天择，适者生存"的单一观点。

图 2-45　《我们诞生在中国》影视片画面

- 亲情与成长。这是影片想要表达的一个主题。熊猫宝宝一次次地想要获得自由去探求自然世界，却被妈妈不舍地拉回，最终爬到了树的顶端。长大成为我们每个人都必须思考的问题。金丝猴淘淘在有了妹妹而失去父母的宠爱后离家出走，在"流浪猴"群体体验了一番后，从秃鹰口中救出了妹妹，重新回归了家庭。理解是成长最关键的一步。新生的藏羚羊在迁徙途中要紧跟妈妈的步伐才能不被狼吃掉。信任是家庭关系中必不可少的部分。
- 对于生命轮回的探索。在影片的开头与结尾，都出现了仙鹤的镜头，在古老的传说中，仙鹤的腾飞代表一个生命的逝去，而自然生生不息、万物往复轮回是影片的另一个主题。"一个生命的消逝是为了延续另一个生命，而当它诞生时，与母亲之间彼此的味道是最温暖的回忆。"
- 对于中国哲学的探索。关于大熊猫的颜色，导演联想到黑白相间的太极图，一黑一白，相互对立与抵抗，而正是这种对立才塑造出和谐。中国哲学的渗入，使"在中国"的层次实现了进一步的飞跃。

（3）影视片的视听语言。

以"惠普打印机"广告为例，把广告视频还原为影视稿本，如表 2-5 所示。

表 2-5　"惠普打印机"广告影视稿本

序号	景别	画面	解说词
1	全景	乏味的英国绅士坐在窗前（黑白）	
2	全景	窗外有一座淑女雕像，一个男孩走进来（黑白）	
3	近景	忧伤落泪的淑女雕像（黑白）	
4	远景	古老的英国街景（黑白）	

续表

序号	景别	画面	解说词
5	中景	一位男士和一位女士在吹食物上的灰尘（黑白）	
6	远景	一个男孩走过拱门的背影（黑白）	
7	特写	男孩脚步的特写，突出红色的丝带	
8	近景	男孩正面，突出红色的帽子和披风	
9	近景	男孩走过，红色披风飘动，男士和女士的眼神追随着他	
10	中景	男孩从人群中穿梭而过	
11	近景	人们的注意力都被男孩吸引，眼神都追随着男孩（黑白）	
12	远景	男孩推开一扇古老的门，走进去（背面）	谁能妙手回春
13	中景	男孩出现在一些熟识的"名画"中间	让美丽如初
14	全景	一幅名画从黑白变为彩色	惠普数字成像技术帮助伦敦国家艺术画廊重现名著风采，令艺术瑰宝永存世间
15	全景	黑场过渡到一幅名画，出现惠普标志	
16	远景	伦敦国家艺术画廊，惠普标志	

分析广告中的标准景别和构图，如表2-6所示。

表2-6 "惠普打印机"广告的标准景别和构图分析

景别	画面	景别	画面
远景		近景	
全景		特写	
井字分割法		对称式构图	

续表

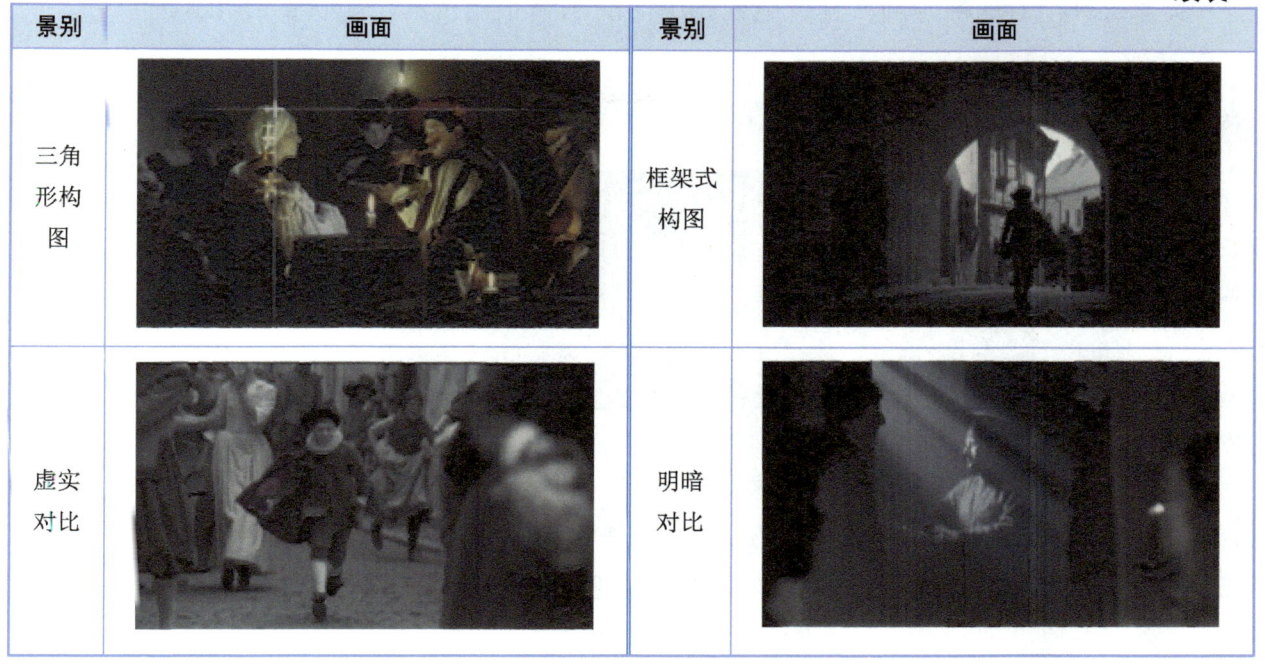

景别	画面	景别	画面
三角形构图		框架式构图	
虚实对比		明暗对比	

以《雄狮少年》电影为例，分析电影中的技术细节，如表 2-7 所示。

表 2-7　《雄狮少年》电影中的技术细节分析

技术点	卡点片段	技术分析
卡点剪辑		影片 01:12:24:00 至 01:13:02:09，结合背景音乐的鼓点切换多景别画面
造型		动画电影中运用写实造型和光影设计
光影		戏剧化的舞台直射灯光设计

047

以《狂飙》电视剧为例，分析电视剧中的配乐和布光技术，如表 2-8 所示。

表 2-8 《狂飙》电视剧中的配乐和布光技术分析

技术点	卡点片段	技术分析
三点布光、配乐呼应		■ 天台上，镜头从人物背影转到正面，音乐是一个长音的下行音阶，预示着人物从此走向黑暗 ■ 坐在牢笼里，音乐是一个长音的下行音阶，预示着人物的生命走向尽头

拉片并不等于简单地看片，更像是将视频看成一大卷胶片，一帧一帧、一格一格地分析解读，记录所总结的画面呈现技巧、剪切逻辑等，把每个镜头的内容、场面调度、运镜方式、景别、声音、画面、节奏、表演、机位等都进行归纳，最终形成自己的知识，长此以往，必然能提高剪辑能力，为影视后期工作助力。

第 3 章

厚积·追风赶月

天地之功不可仓卒，艰难之业当累日月。

——《后汉书》

　　创建天地那样大的功业，不可能仓促完成；艰难的事业历经逐日积累。一项伟大事业的成功，往往是那些点滴的努力和重复枯燥的工作积累而成的。个人能力的培养亦是如此，"不坐十年冷板凳"，哪能有一技在身呢？本章就让我们踏出学习数字媒体行业必备专业技能的第一步，把基本功打扎实，为后面的实战做好准备。

3.1 毕业设计秀场片

纵有千古，横有八荒；前途似海，来日方长。

——梁启超

从"纵"的时间看有悠久的历史，从"横"的空间看有辽阔的疆域。前途像海一样宽广，未来的日子无限远长。本节我们将为数字媒体技术专业学生的毕业设计秀场制作卡点短视频，并将该短视频作为暖场视频同步在各类短视频平台播出，同时作为公众号推文的配套视频，祝福即将走出校门的同学前程似锦。

知识概述

（1）创建指定格式的Premiere工程文件。
（2）把音/视频素材恰当地剪辑。
（3）添加适当的转场。
（4）添加适当的字幕。
（5）合成特定格式的影片。

任务描述

本次任务通过加工图片和音/视频素材来学习Adobe Premiere Pro 2023（以下简称Premiere）软件的使用方法，采用当前非常流行的短视频快闪卡点方式，配合简洁的字幕，尽可能保留秀场的"原汁原味"，不使用过多的其他元素，以免造成喧宾夺主的结果，在本任务完成后掌握使用Premiere软件剪辑影视片的基本流程。

创意构思

秀场片通常是卡点的、时尚化的和快节奏的。秀场片所展现的元素通常比较丰富，但又同质化，因此，想要在整体风格上给人很强的冲击力，就要在内容中突出表现主体人物，营造吸引人眼球的效果。考虑到短视频平台的播出需求，秀场片尺寸设置为竖屏，片长适中，对视频素材的选择和剪辑的节奏感均符合当下主流审美和短视频受众的兴趣点，以达到宣传的目的。

任务实施

（1）打开Adobe Premiere Pro 2023，在打开的界面中单击"新建项目"按钮，设置文件保存位置为"D:\工程文件\毕业设计秀场片"，序列名称为"秀场片"，再单击"创建"

按钮，如图3-1和图3-2所示。

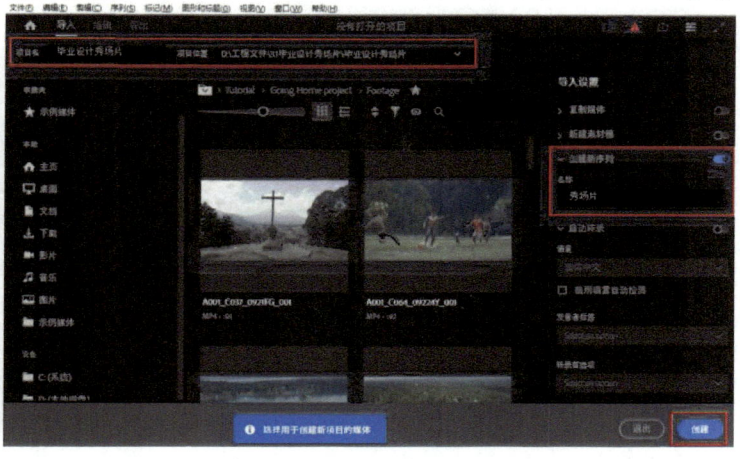

图3-1 单击"新建项目"按钮

图3-2 设置"新建项目"属性

（2）单击"确定"按钮进入工作界面，把素材中"图片"文件夹里的所有图片素材都拖到"项目"窗口，如图3-3所示。也可以选择菜单"文件"—"导入"，选中所有素材，单击"打开"按钮导入素材，如图3-4所示。还可以在"项目"面板的空白位置直接双击鼠标左键，选择所要导入的素材。

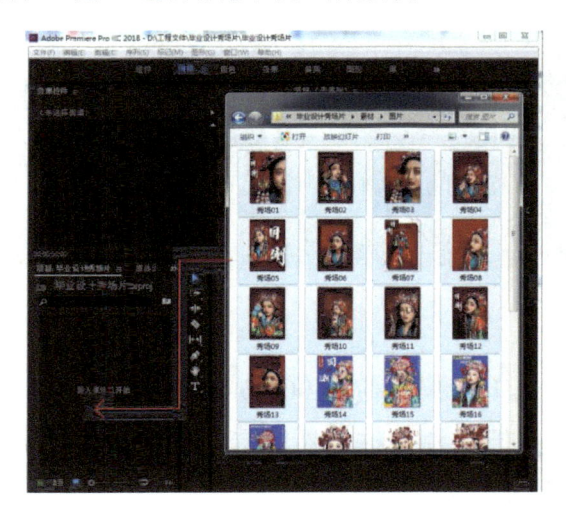

图3-3 直接拖动素材到"项目"窗口

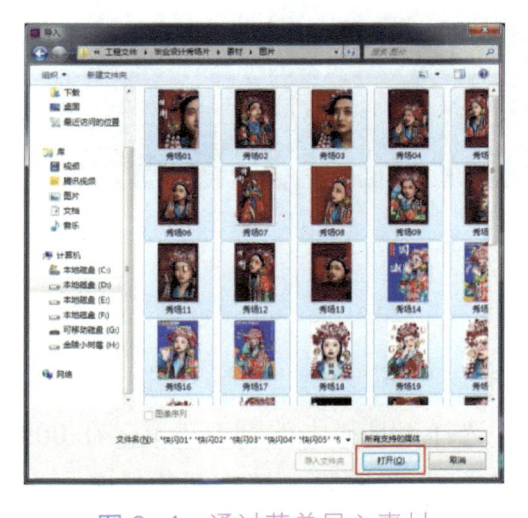

图3-4 通过菜单导入素材

（3）图片素材的尺寸为600像素×900像素，如图3-5所示，故本次项目的序列我们建成和图片素材一样的尺寸，选择菜单"文件"—"新建"—"序列"，或者在"项目"面板的空白位置单击鼠标右键，在弹出的快捷菜单中选择"新建"—"新建项目"—"序列"，在弹出的"新建序列"窗口中打开"设置"面板，把"编辑模式"设置为"自定义"，把"帧大小"的"水平"设置为"600"，"垂直"设置为"900"，"像素长宽比"设置为"方形像素（1.0）"，如图3-6所示。

（4）把音频素材"配乐.mp3"导入"项目"窗口，拖动音频素材到时间轴上A1音频轨道的00:00:00:00处，如图3-7所示。拖动时间轴最下方的滑块，把音频素材放大，可以看到随着音频波形的变化，"音频仪表"面板中的音频波形也在不断变化，如图 3-8 所示。简单地说，波形越密集，音调就越高；波形越疏松，音调就越低；波形的振幅越大，声音就越大；波形的振幅越小，声音就越小。我们在剪辑音频时要充分利用波形来寻找贴合画面的节奏。

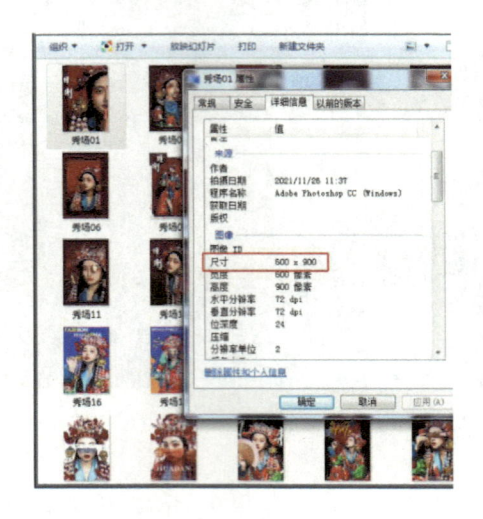

图 3-5 观察图片素材的分辨率

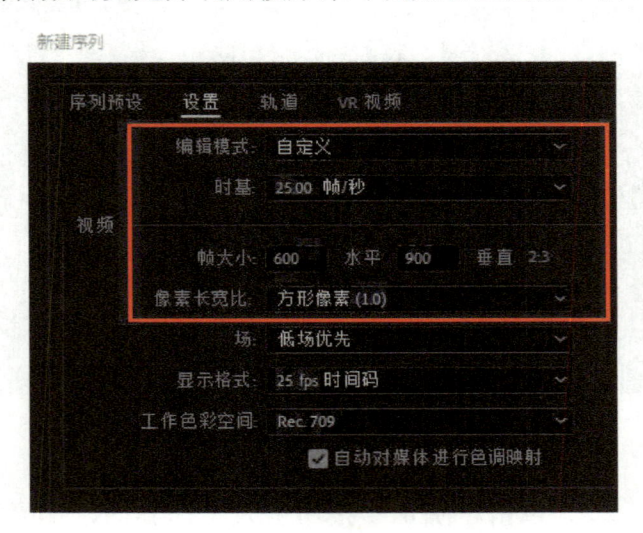

图 3-6 "新建序列"窗口

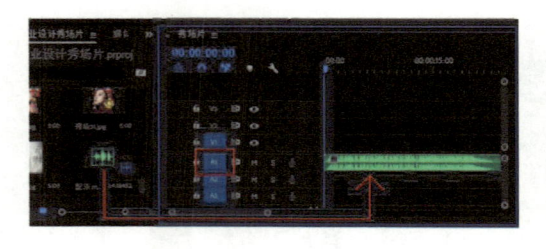

图 3-7 拖动音频素材到音频轨道

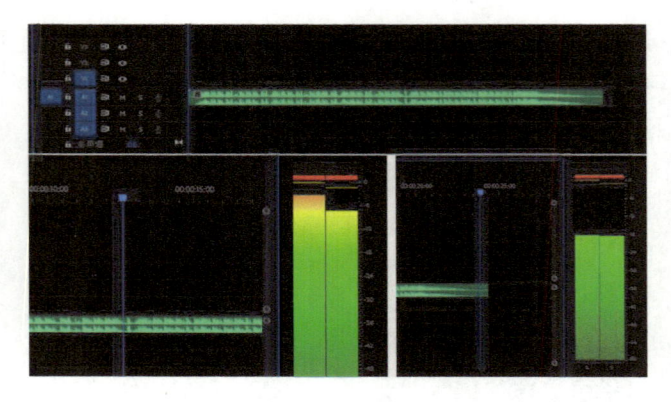

图 3-8 观察音频波形的变化

（5）把图片素材"秀场 01.jpg"拖到时间轴上 V1 视频轨道的 00:00:00:00 处，如图 3-9 所示。选择工具栏中的剃刀工具，在 00:00:01:12 处把图片素材切断，选择后半段图片，并按"Delete"键删除，修改图片长度，如图 3-10 所示。

图 3-9 拖动图片素材到视频轨道

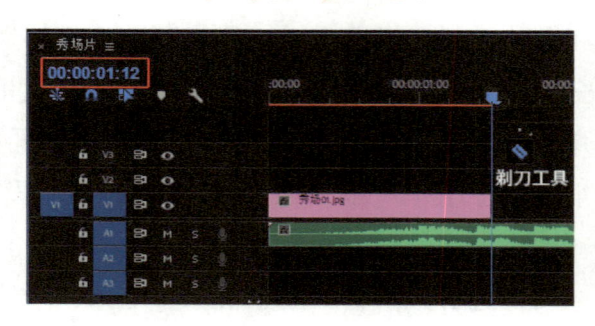

图 3-10 修改图片长度

（5）把图片素材"秀场 02.jpg"至"秀场 31.jpg"依次拖到 V1 视频轨道上，注意从 00:00:13:10 到 00:00:14:21 无图片素材，如图 3-11 所示。各图片按照音频波形的节奏剪切后会无缝衔接，如图 3-12 所示。

> **提示**
>
> 在时间轴的音频素材上找到节奏所在位置，单击时间轴上的"添加"按钮，或者按大写的"M"键可增加标记，再按一次"M"键可自定义标记名称和删除标记，把所有节奏都打好标记再拖入图片素材，可以更加高效地完成图片与音频节奏的卡点。在时间轴上确保磁铁开关（在时间轴中对齐）为"点亮"状态，从而让素材自动无缝衔接。

素材名称	秀场01	秀场02	秀场03	秀场04	秀场05	秀场06
插入时间点	00:00:00:00	00:00:01:12	00:00:01:23	00:00:02:13	00:00:03:22	00:00:05:08
素材名称	秀场07	秀场08	秀场09	秀场10	秀场11	秀场12
插入时间点	00:00:06:08	00:00:07:12	00:00:08:04	00:00:08:18	00:00:09:09	00:00:09:16
素材名称	秀场13	秀场14	秀场15	秀场16	秀场17	字幕：甜美
插入时间点	00:00:10:04	00:00:10:23	00:00:11:14	00:00:12:04	00:00:12:17	00:00:13:10
素材名称	字幕：暗黑	字幕：嘻哈	字幕：国潮	秀场18	秀场19	秀场20
插入时间点	00:00:13:20	00:00:14:05	00:00:14:14	00:00:14:21	00:00:15:10	00:00:16:00
素材名称	秀场21	秀场22	秀场23	秀场24	秀场25	秀场26
插入时间点	00:00:16:09	00:00:16:19	00:00:17:01	00:00:17:07	00:00:17:17	00:00:18:01
素材名称	秀场27	秀场28	秀场29	秀场30	秀场31	秀场32
插入时间点	00:00:18:01	00:00:18:20	00:00:19:02	00:00:19:08	00:00:19:18	00:00:20:13

图 3-11 图片素材的插入时间

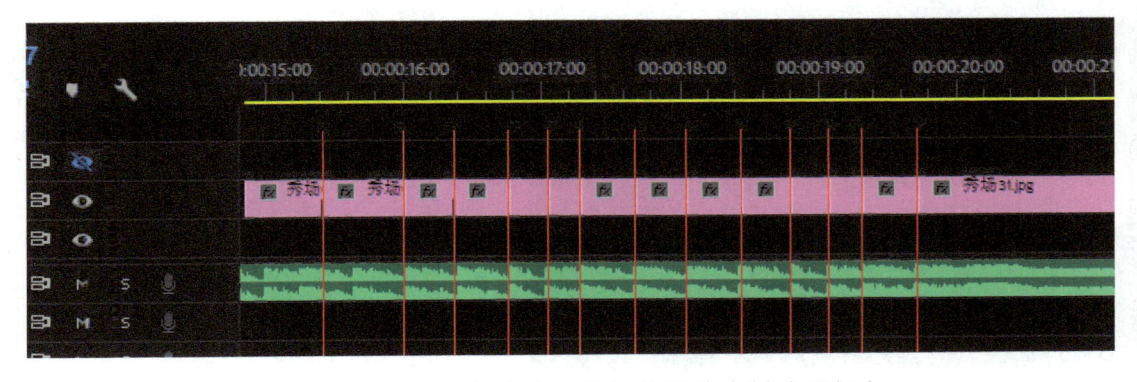

图 3-12 按照音频节奏剪辑好的图片素材（局部）

（7）为配合秀场片的表现力，我们制作几个字幕文件，并将其嵌入片中。选择菜单"图形和标题"—"新建图层"—"文本"，在"节目"窗口中输入文字"甜美"，在"基本图形"面板中设置"水平对齐"和"居中对齐"，文字的颜色为"黑色"，字体为"黑体"，字间距为"15"，如图 3-13 和图 3-14 所示。

> **提示**
>
> 剪映等视频剪辑软件提供自动卡点功能，即软件可根据音频节奏自动分段。此类软件操作简便、容易上手，在平时的学习工作中也可以经常使用，但 Premiere 软件为专业基础软件，是从事后期剪辑类工作所必学的软件，熟练掌握了 Premiere 软件操作，今后不论使用哪种后期剪辑软件都会得心应手。

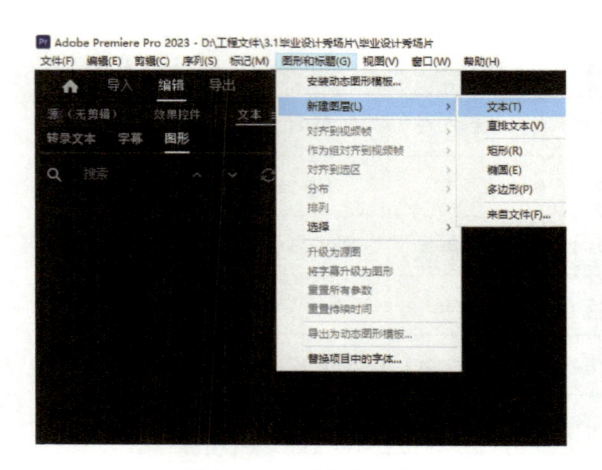

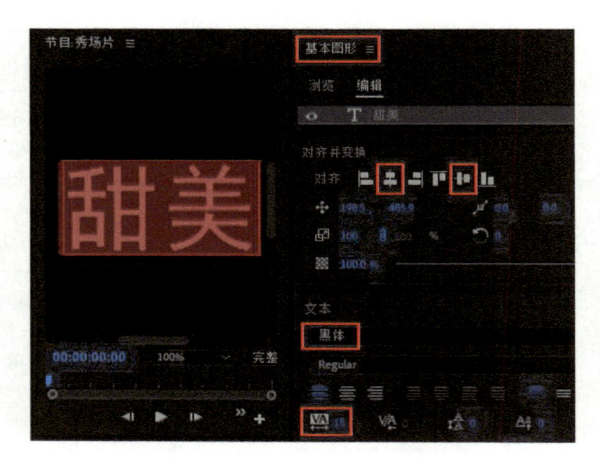

图 3-13　新建文本　　　　　　　图 3-14　设置文字参数

（8）在工具栏中选择矩形工具并绘制一个矩形，在"基本图形"面板中设置"水平对齐"和"居中对齐"，把形状名称改为"矩形 1"，并拖动到文字层的下方，设置矩形的宽为"400"像素，高为"200"像素，填充色为"白色"，无描边色，如图 3-15 所示。在"对齐并变换"面板中可以设置图形的位置、透明度，对图形做缩放和旋转操作。在"外观"面板中可以设置填充颜色、描边颜色和阴影颜色，如图 3-16 所示。

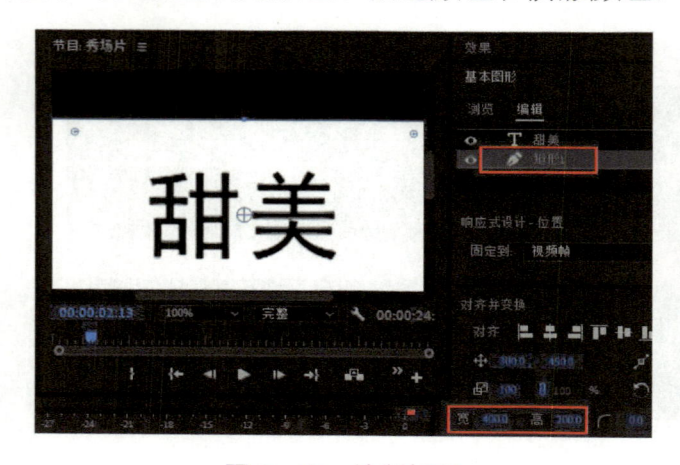

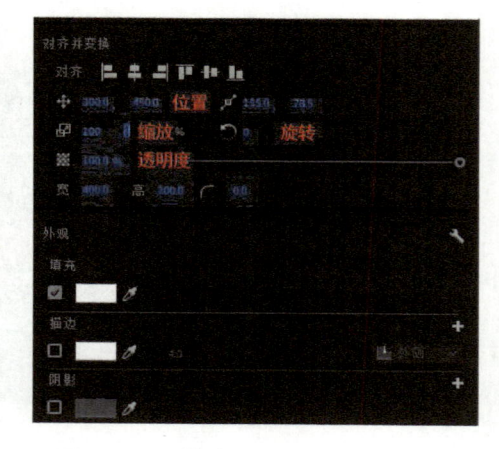

图 3-15　绘制矩形　　　　　　　图 3-16　基本图形各项参数设置

（9）使用同样的方法制作另外三个文本文件，并设置相同的参数，按照图 3-17 中的插入时间点插入 V1 视频轨道，与其他图片素材无缝衔接，剪辑完成的时间轴如图 3-17 所示。至此，秀场片的所有素材基本上剪辑完毕，把时间轴上的标尺拖动到最左边，也就是 00:00:00:00 处，单击编辑面板中的"播放"按钮，一部快节奏的卡点视频就初见雏形了。

字幕名称	甜美	暗黑	嘻哈	国潮
插入时间点	00:00:13:10	00:00:13:20	00:00:14:05	00:00:14:14

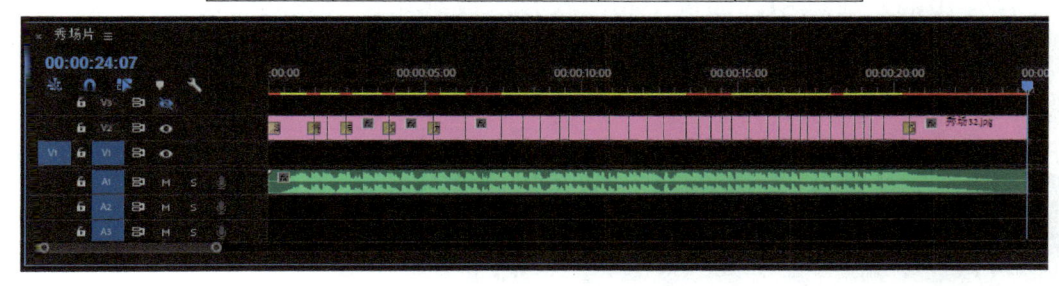

图 3-17　将文本文件插入视频轨道

提示

Premiere 软件中时间的最小单位为帧，若视频格式不同，则每秒包含的帧数也不同。本例中的 D1/DV PAL 格式为 25 帧/秒。在剪辑视频的时候，尤其是快节奏的视频片，经常以帧为单位。

（10）为秀场片增加一些过渡特效。在"效果"面板中选择"视频过渡"—"溶解"—"黑场过渡"，把这个过渡特效拖动到 V1 视频轨道的 00:00:00:00 处，添加在素材"秀场01.jpg"上，在"效果控件"面板中修改持续时间为 00:00:00:10，也就是过渡时间为 10 帧，以实现秀场片从黑场进入的效果，如图 3-18 所示。本片所有的转场都须设置为 10 帧，选择菜单"编辑"—"首选项"—"时间轴"，如图 3-19 所示。

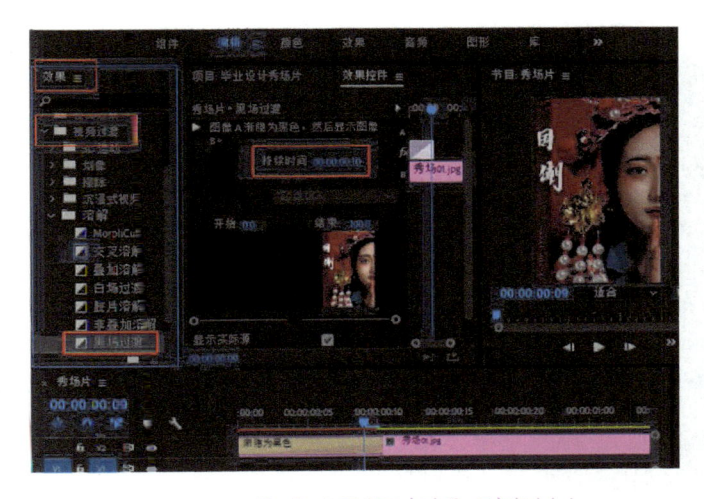

图 3-18　拖动"黑场过渡"到素材上 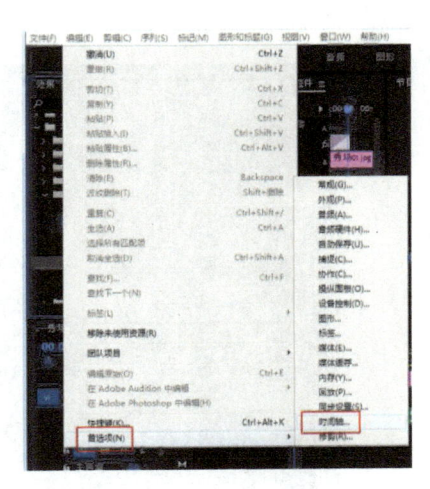　　图 3-19　选择菜单"编辑"—"首选项"—"时间轴"

数字影音编辑与合成

> **提示**
>
> 在默认状态下，视频过渡的持续时间为1秒，静帧图像过渡的持续时间为5秒。在实际做秀场片的过程中，通过自定义默认持续时间，可以大大提高做片的效率，但是要注意，修改默认持续时间对已经导入素材库中的素材无效，必须在导入素材之前修改。

（11）在弹出的"首选项"面板中将"视频过渡默认持续时间"设置为"10"帧，单击"确定"按钮，如图3-20所示。按照图3-21所示给秀场片增加更多的过渡特效，注意要将过渡的多样性和统一性相结合。

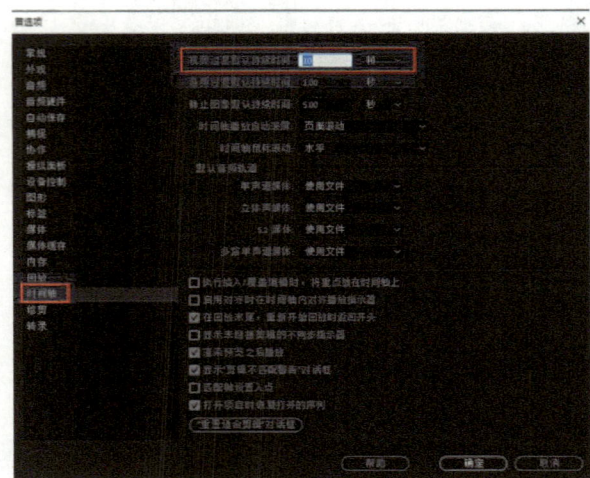

特效名称	溶解—渐隐为黑色	内滑—推	内滑—带状内滑
插入时间点	00:00:00	00:00:01:12	00:00:02:13
设置	默认	中心切入自北向南	带数量：5 自北向南
特效名称	缩放—交叉缩放	擦除—划出	溶解—交叉溶解
插入时间点	00:00:03:22	00:00:05:08	00:00:20:13
设置	默认	中心切入自西向东	默认

图3-20 修改过渡默认时间　　　　图3-21 过渡特效参考表

（12）秀场片剪辑全部完成，下面输出视频文件。选择菜单"文件"—"导出"—"媒体"，在打开的"导出设置"窗口中选择"H.264"格式，修改输出的视频文件名称为"秀场片"，确定输出位置，其他设置保持默认，单击"导出"按钮完成视频文件的输出，如图3-22所示。

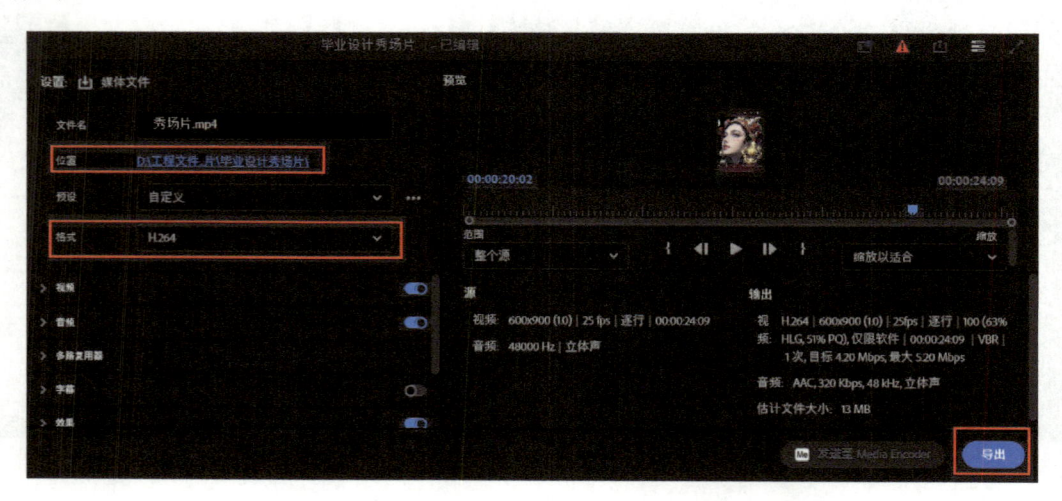

图3-22 选择视频文件的输出格式并设置参数

> **提示**

视频的格式有很多种，不同格式所使用的平台也不尽相同。本片输出的 MP4 格式是当前的主流视频格式，该格式的兼容性和通用性都很好，在后面的章节中还会提到其他视频格式。

① PAL DV。

属于 DV AVI 文件，通常用作在制作完影片后，将影片回录到 DV 磁带上，扩展名为.avi。

② PAL DVD。

属于 MPEG-2（Moving Picture Experts Group）压缩标准，用来刻录 DVD 光盘，扩展名为.mpg。

③ 流媒体 Real Video。

属于流媒体文件格式（边下载边播放），用于在网络上发布视频，扩展名为.rm。

④ 流媒体 Windows Media Format。

属于流媒体文件格式，用于在网络上发布视频，扩展名为.wmv 或.asf。

总结与回顾

本片是短视频中比较流行的快闪片，本节通过秀场片的制作，介绍 Premiere 软件的基本操作和音/视频结合的技巧。在实际制作本片的过程中，适当地使用视频过渡特效可以增强短片的视觉冲击力，巧用"首选项"功能可以提高制片效率，也能保证秀场片节奏的一致性。

课后习题

利用《活力宝贝》中提供的素材，制作一部快闪短视频，如图 3-23 所示。

参考步骤

（1）新建项目，项目的分辨率与图片素材的分辨率一致。

（2）导入提供的所有图片和配乐，打开音频的波形图并仔细观察，依据音频节奏放置图片素材到合适的位置。

（3）给视频的开头、中间和结尾加上合适的视频过渡特效，在音频的起始处加上恒定功率过渡特效。

（4）输出为 MP4 格式的影片。

图 3-23　课后习题参考效果

3.2 节约粮食宣教片

我一直有两个梦,一个是禾下乘凉梦,另一个是杂交水稻覆盖全球梦。

——袁隆平

袁隆平院士为了实现这个梦想,潜心钻研十余年,历经无数次试验失败却从未放弃,最后终于获得重大科研突破,成功培育出籼型杂交水稻。随着袁隆平院士水稻研究成果的大面积推广,全国水稻产量也获得了大幅提升,这为我国粮食安全、农业科学发展和世界粮食供给作出了巨大贡献。作为新时代的青年,我们要珍惜这来之不易的奋斗成果,在平时的学习和生活中时刻牢记节约粮食、俭以养德。

知识概述

(1)学会设置 Premiere 软件"动作"面板的各项参数。
(2)添加、删除关键帧,并制作关键帧动画。
(3)添加视频效果,并修改效果参数。
(4)添加视频过渡特效,并设置过渡特效参数。
(5)使用 Premiere 自带的字幕工具添加静态字幕和动态字幕。
(6)实现时间线嵌套。
(7)综合运用 Premiere 软件的各项功能完成影片制作。

任务描述

本节通过制作一部节约粮食的宣教片来介绍 Premiere 软件中的关键帧、多种格式图片导入、视频过渡特效、运动字幕和时间线嵌套等多个知识,基本涵盖 Premiere 软件的常用操作。宣教片元素众多,在使用多种特效呈现的时候,为了避免画面和节奏混乱,各个元素的出场要有顺序,重要的元素应以鲜明的方式突出,以达到宣传的目的。

创意构思

宣教片是"宣教"而不是"说教",应该把想要表达的内容润物细无声地渗透,通过精美的画面和恰当的效果吸引观众。本片将图片与文字、静态元素与动态文字有机结合,传递鼓励人们节约粮食的主题思想,意味深长。

任务实施

（1）打开 Premiere 软件，新建项目"节约粮食宣教片"，位置为"D:\工程文件\节约粮食宣教片"，在进入工作界面后，导入"节约粮食宣教片"文件夹中"素材"内的图片文件"节约粮食"，因为该文件为.psd 格式，所以会弹出一个对话框，选择导入为"序列"，如图 3-24 所示。在"项目"窗口中可以看到一个名称为"节约粮食"的序列，用鼠标左键双击该序列，将其打开，如图 3-25 所示。

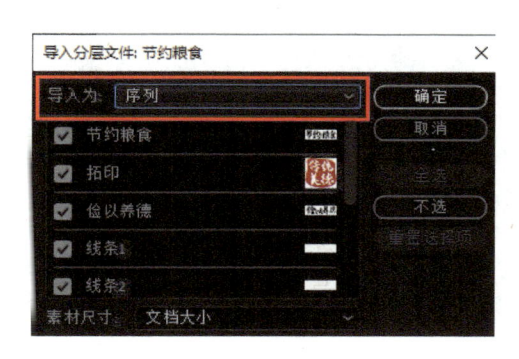

图 3-24 以序列形式导入.psd 格式的素材

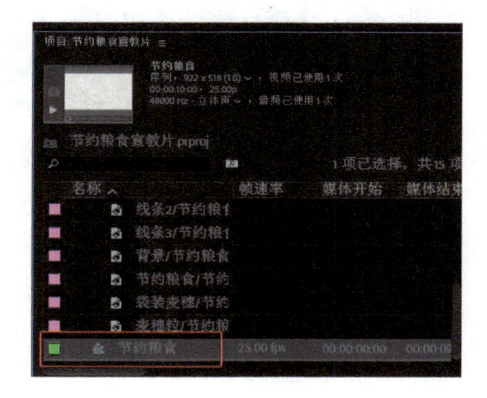

图 3-25 在"项目"窗口中打开序列

（2）在打开的"节约粮食"序列中可以看到，图片素材已经按照原先图层的顺序在视频轨道上排列好，把除 V1 视频轨道外的所有视频轨道关闭，如图 3-26 所示。这时"节目"面板中只能看到底层的背景，选中所有视频轨道上的素材，拖动到 00:00:10:00 处，也就是把影片的长度设定为 10 秒，如图 3-27 所示。

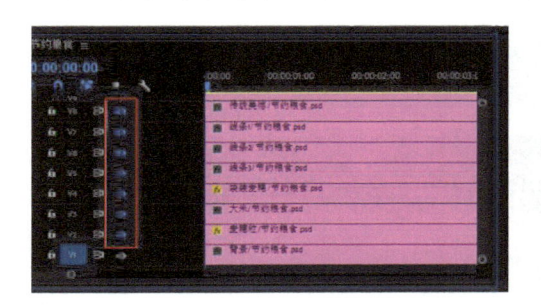

图 3-26 关闭视频轨道

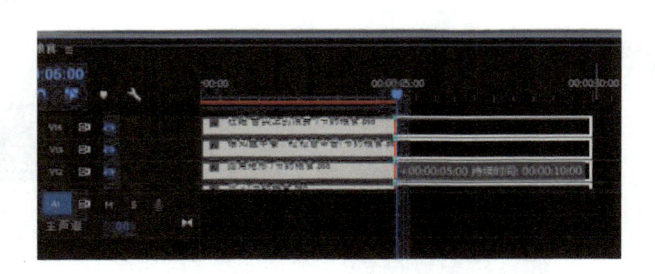

图 3-27 拖动素材

（3）打开 V2 视频轨道，单击"麦穗粒"层，使其反白显示，在"效果控件"面板中单击"运动"二字，可以看到 Premiere 软件中的素材被默认放置在画面正中心的位置，图片素材的当前位置是（461,259），如图 3-28 所示。

（4）给素材"麦穗粒"添加位置关键帧动画。在 00:00:00:00 处，单击"位置"前的小闹钟按钮，可以看到在"效果控件"面板的右侧

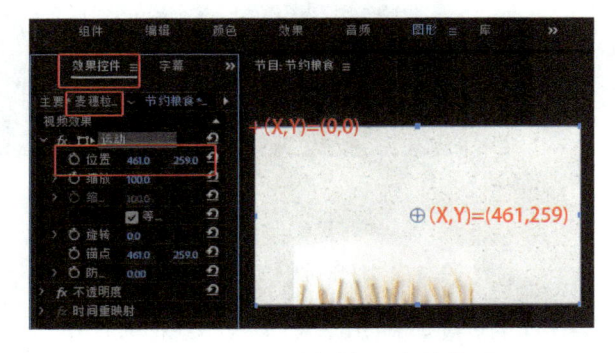

图 3-28 查看素材所处的位置

已经添加上一个关键帧，把图片素材的位置改为（461,440），此时在"节目"面板中是看不到麦穗粒的，如图3-29所示。在00:00:00:15处，单击"添加关键帧"按钮，修改图片素材的位置为（461,259），可以看到画面中的"麦穗粒"已经运动到中心点，如图3-30所示。在"节目"面板中从0秒开始播放，可以看到麦穗粒从画面底部上升到画面中心。至此，完成位置动画的制作。

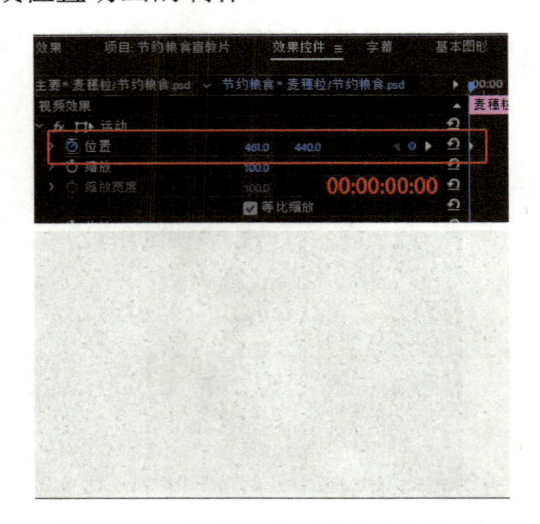

图3-29 设置0秒时的位置关键帧 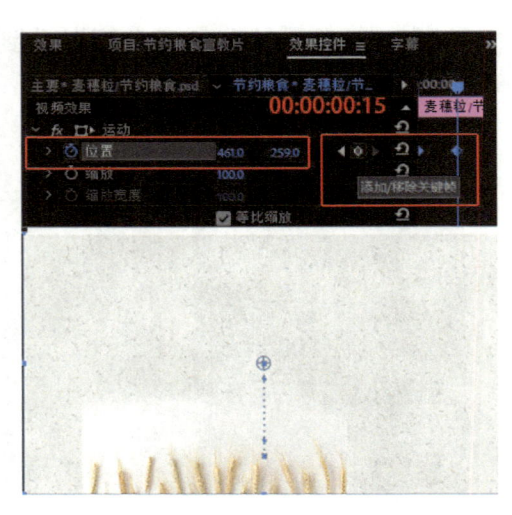　　　　图3-30 设置15帧时的位置关键帧

（5）给V3视频轨道中的素材"大米"添加透明度关键帧动画。打开V3视频轨道，单击"大米"层，使其反白显示，在00:00:00:15处，单击"不透明度"前的小闹钟按钮，可以看到在"效果控件"面板的右侧已经添加上一个关键帧，把"不透明度"参数改为0%，此时在"节目"面板的画面中是看不到大米的，如图3-31所示。在00:00:01:05处，单击"添加关键帧"按钮，修改"不透明度"参数为100%，可以看到大米已经出现在画面中，如图3-32所示。

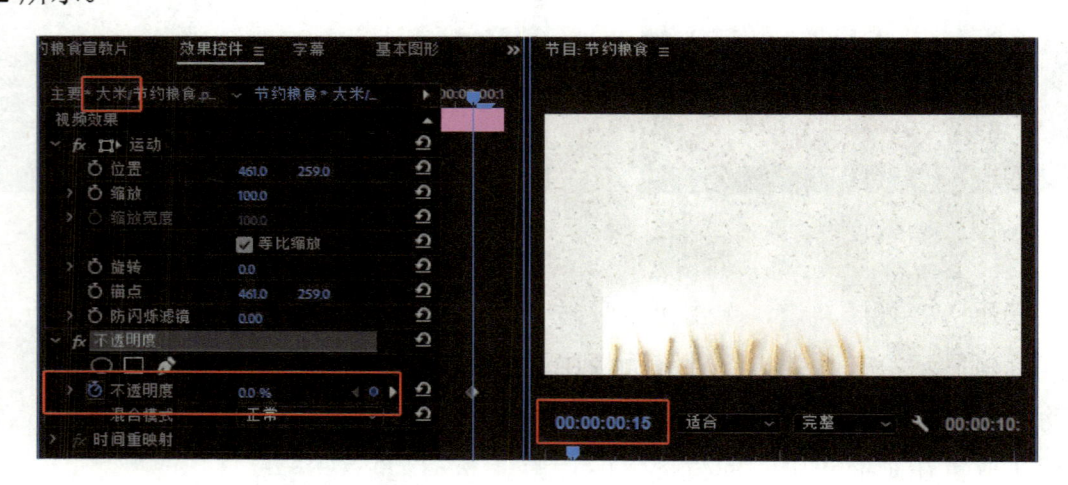

图3-31 设置15帧时的透明度关键帧

（6）给V4视频轨道的素材"袋装麦穗"添加旋转关键帧动画。锚点是素材的中心点，素材的位置、缩放、旋转等效果都是根据锚点来定位的。打开V4视频轨道，单击"袋装

麦穗"层，使其反白显示，在 00:00:01:05 处，单击"锚点"按钮，修改其参数为（922,518），这样做的目的是修改图片旋转点的位置，如图 3-33 所示。

图 3-32 设置 1 秒 5 帧时的透明度关键帧

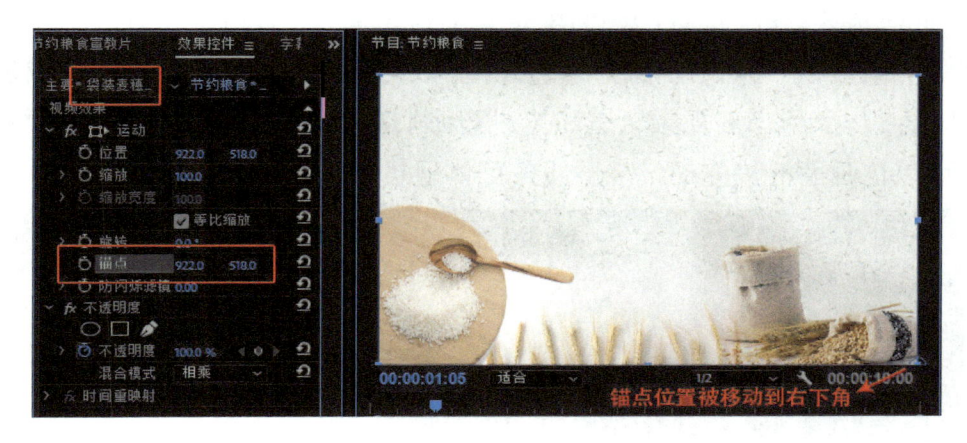

图 3-33 修改图片旋转点的位置

（7）单击"旋转"前的小闹钟按钮，把参数改为 90°，此时在"节目"面板的画面中是看不到袋装麦穗的，如图 3-34 所示。在 00:00:01:20 处，单击"添加关键帧"按钮，修改参数为 0°，可以看到在画面中，袋装麦穗逆时针从画面外转入的效果，如图 3-35 所示。

图 3-34 参数为 90°的旋转关键帧

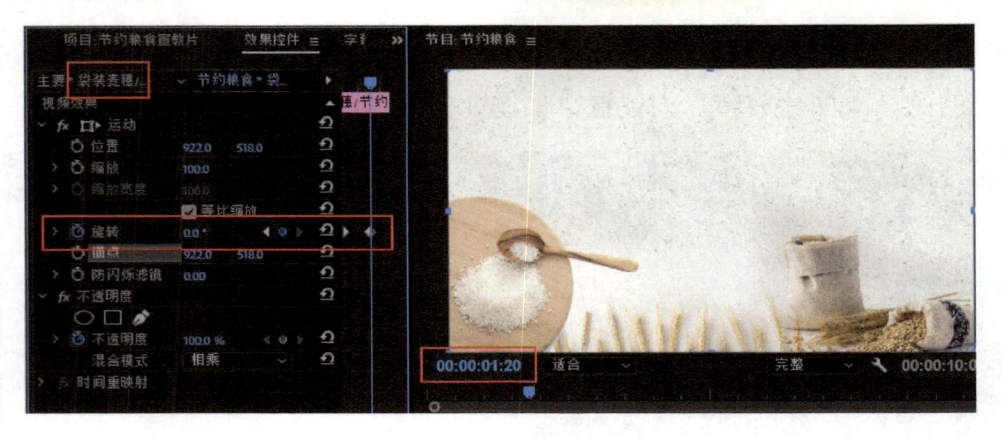

图 3-35 设置 1 秒 20 帧时的旋转关键帧

（8）给 V5 视频轨道中的素材"线条 3"添加缩放关键帧动画。打开 V5 视频轨道，单击"线条 3"层，使其反白显示，在 00:00:01:20 处，单击"缩放"前的小闹钟按钮，将其参数改为 0，此时在"节目"面板的画面中是看不到线条的，如图 3-36 所示。在 00:00:02:10 处，单击"添加关键帧"按钮，修改"缩放"参数为 100，可以看到画面中线条从小到大的效果，如图 3-37 所示。V6 视频轨道和 V7 视频轨道中的线条素材制作方法类似，线条搭配简洁动画可以让画面活泼生动，多层线条可体现层次感，这里不再赘述，详见源文件。

图 3-36 设置 1 秒 20 帧时的缩放关键帧

图 3-37 设置 2 秒 10 帧时的缩放关键帧

（9）前面几步操作都是在"效果控件"面板里直接进行的，其实 Premiere 软件还自带了很多视频特效，接下来给 V8 视频轨道中的素材"俭以养德"添加"相机模糊"特效。在"效果"面板中打开"视频效果"文件夹，找到二级文件夹"模糊与锐化"，把该文件夹中的特效"相机模糊"拖动到素材"俭以养德"上，如图 3-38 所示。

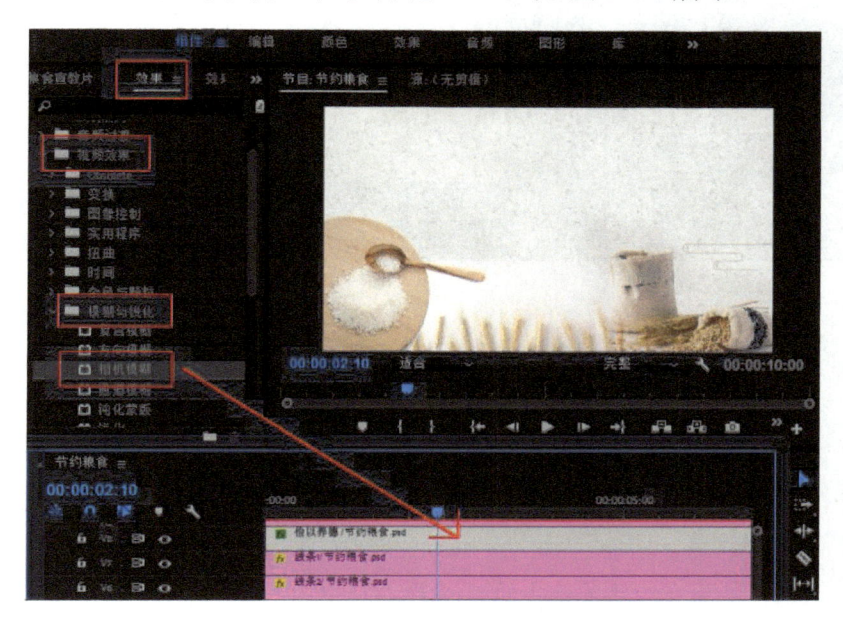

图 3-38　添加"相机模糊"特效

（10）给素材"俭以养德"添加的"相机模糊"特效设置关键帧动画。在 00:00:03:15 处，在"效果控件"面板中，单击"不透明度"前的小闹钟按钮，将其参数设置为 0%；单击"百分比模糊"前的小闹钟按钮，将其参数设置为 100，这时在"节目"面板的画面中是看不到文字的，如图 3-39 所示。在 00:00:04:05 处，为不透明度添加一个关键帧，将其参数设置为 100%；为"百分比模糊"添加一个关键帧，将其参数设置为 0。这时在"节目"面板中可以看到"俭以养德"4 个字从无到有、从模糊到清楚的过程，如图 3-40 所示。

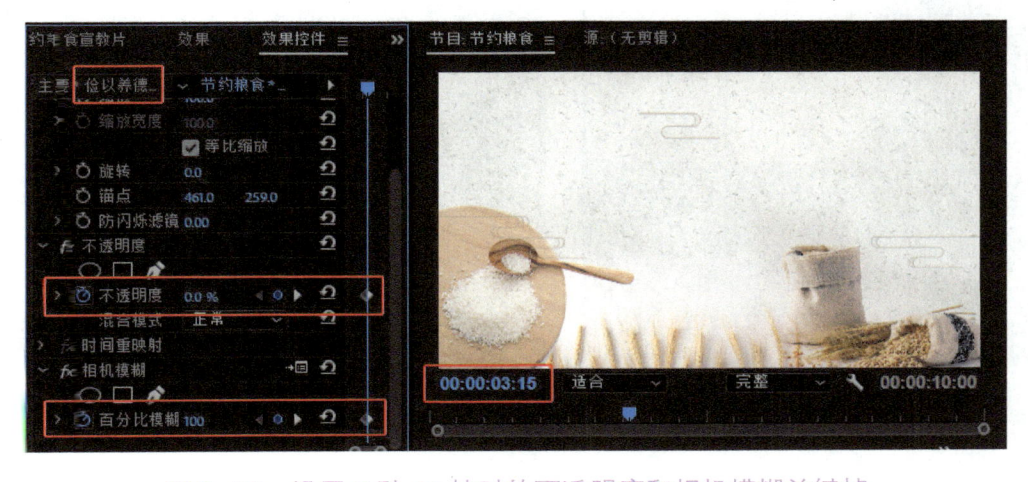

图 3-39　设置 3 秒 15 帧时的不透明度和相机模糊关键帧

数字影音编辑与合成

图 3-40 设置 4 秒 5 帧时的不透明度和相机模糊关键帧

> **提示**
>
> 如果多个图层添加的"运动"面板参数关键帧一样，则可以选中其中一个图层，在"效果控件"面板中使用鼠标右键单击"运动"，在弹出的快捷菜单中选择"复制"命令，再直接粘贴参数，但是如果元素出场时间不一致，就要适当修改关键帧的时间点。

（11）给 V9 视频轨道中的素材"拓印"添加立体文字特效。在"效果"面板中打开"视频效果"文件夹，找到二级文件夹"过时"，把该文件夹中的特效"斜面 Alpha"拖动到素材"拓印"上，如图 3-41 所示。在"效果控件"面板中设置"斜面 Alpha"的边缘厚度参数为 4，光照角度参数为 135°，在"节目"面板中可以看到拓印呈现立体效果，如图 3-42 所示。从 00:00:04:05 到 00:00:04:20，给拓印制作透明度参数从 0% 到 100% 的变化，详见源文件。

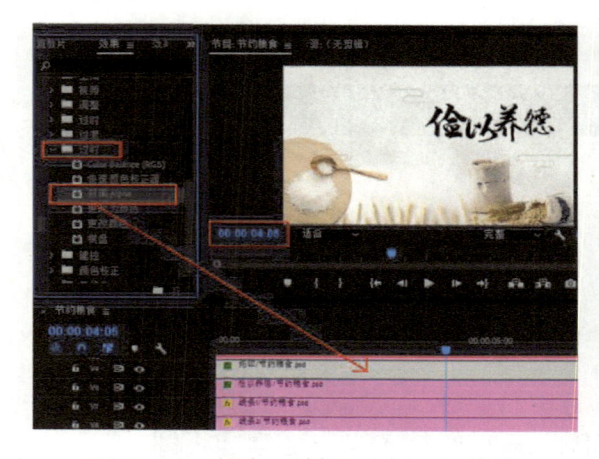

图 3-41 添加"斜面 Alpha"特效 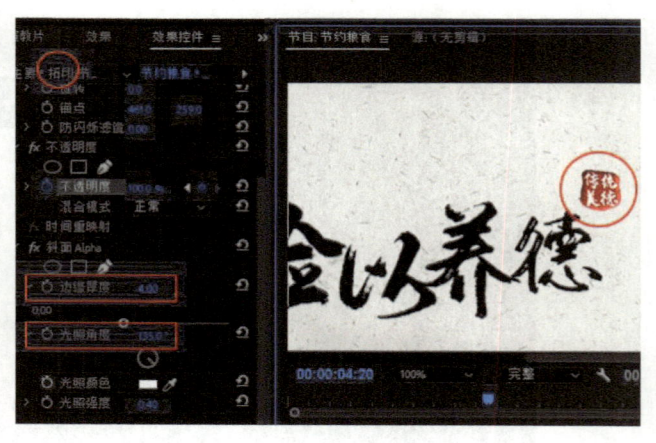　　　　图 3-42 设置"斜面 Alpha"特效参数

（12）给 V10 视频轨道中的素材"节约粮食"添加线性擦除特效。在"效果"面板中打开"视频效果"文件夹，找到二级文件夹"过渡"，把该文件夹中的特效"线性擦除"拖

064

动到素材"节约粮食"上。在"效果控件"面板中设置"线性擦除"的擦除角度参数为270°，羽化参数为30°，在 00:00:04:20 处，为完成过渡添加一个关键帧，把参数设置为 100%。在 00:00:05:10 处，再添加一个过渡关键帧，把参数设置为 0%。在"节目"面板中可以看到"节约粮食"4 个字呈现从左到右的擦除效果，如图 3-43 和图 3-44 所示。

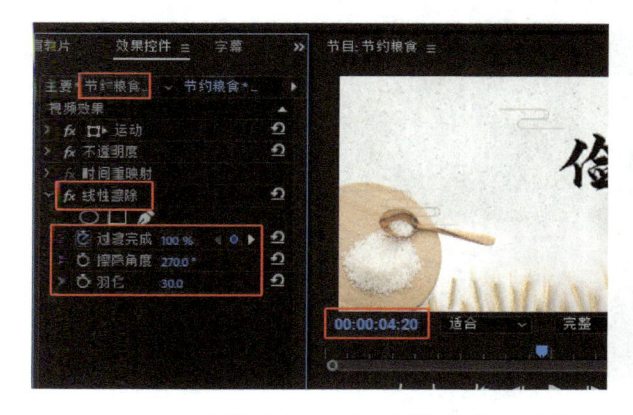

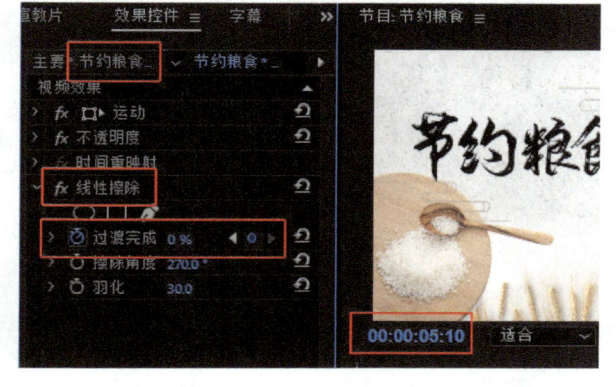

图 3-43　设置 4 秒 20 帧时的过渡关键帧　　　　图 3-44　设置 5 秒 10 帧时的过渡关键帧

（13）使用工具栏中的文字工具，在"节目"窗口中输入文字，自动设置为文字图层，设置文字位置为（325,320）、字体为黑体、字号为 20 像素、行间距为 20 像素。在 00:00:05:10 处拖入字幕文件，拉长该文件，使它与其他素材等长，在 00:00:09:24 处结束，如图 3-45 所示。

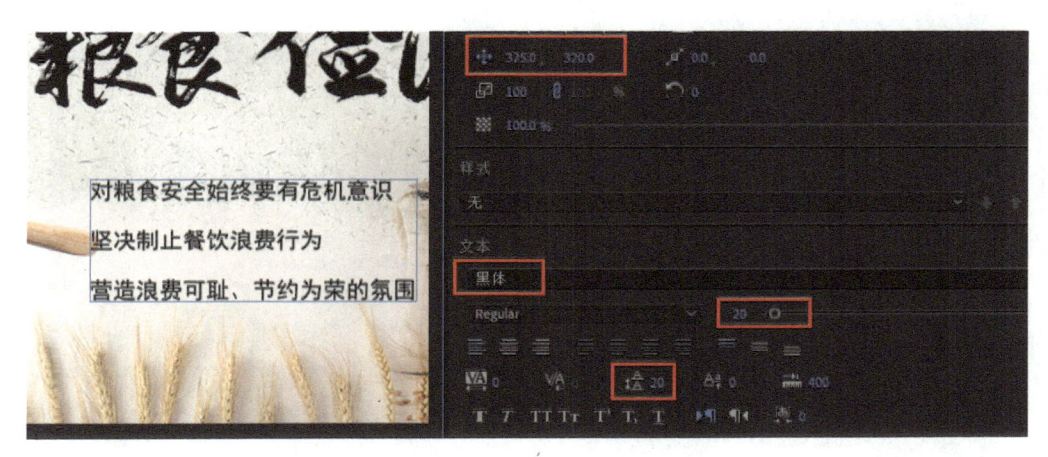

图 3-45　新建并设置文字图层

（14）选择菜单"图形和标题"—"文本"，也可以按"Ctrl+T"组合键新建文字图层，输入文字"谁知盘中餐　粒粒皆辛苦"，设置字体为黑体、字号为 30 像素、填充色为白色、描边色为红色、描边宽度为 3 像素、描边形式为中心。设置文字的位置为（308,268），如图 3-46 所示。

🔊 提示

Adobe Premiere Pro 2023 版本的字幕工具与旧版本的字幕工具区别较大，在初次使用时可能会觉得不习惯。Adobe Premiere Pro 2023 版本的字幕工具把字幕功能集成到"图形和标题"菜单，各项参数设

065

置放在"文本"面板中,动态字幕直接用位置关键帧实现,或者在"基本图形"面板中制作滚动字幕,比旧版本的功能更加便捷。

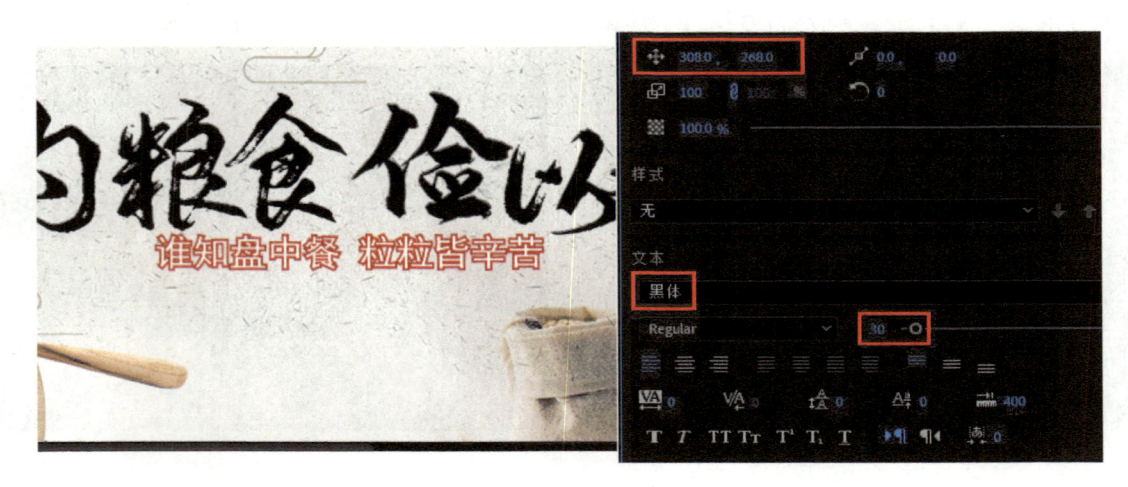

图 3-46 文字设置完成的效果

(15) 在 00:00:07:00 处拖入文字图层,在最左边添加"推"转场,设置从右往左推,持续时间为 2 秒,如图 3-47 所示。

图 3-47 设置文字图层"推"转场的参数

(16) 在"项目"面板的右下角单击"新建项"按钮,在弹出的列表中选择"序列"选项,如图 3-48 所示。在弹出的"新建序列"对话框中设置"编辑模式"为"自定义",将"帧大小"的"水平"设置为"922"、"垂直"设置为"518",也就是和"节约粮食"序列的分辨率保持一致,如图 3-49 所示。

(17) 把序列名称改为"成片",拖入"项目"面板中的"节约粮食"序列,此时的"节约粮食"序列是一个整体,在片尾添加视频过渡"黑场过渡"特效,使片子结尾整体淡黑,如图 3-50 所示。最后输出成片为 MP4 格式,详见源文件。

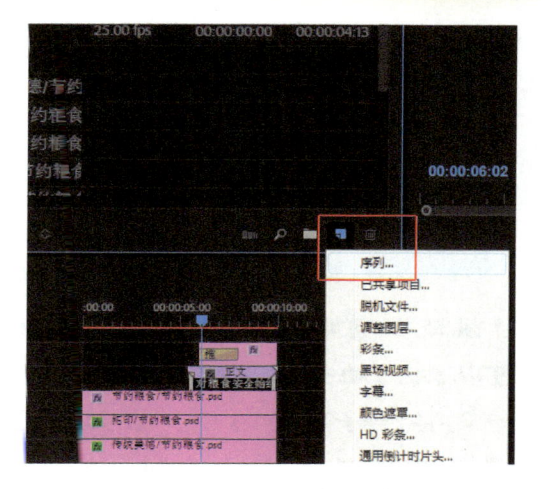

图 3-48　新建序列

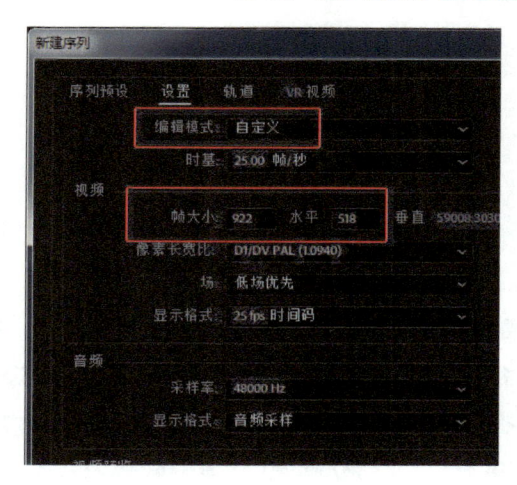

图 3-49　设置序列参数

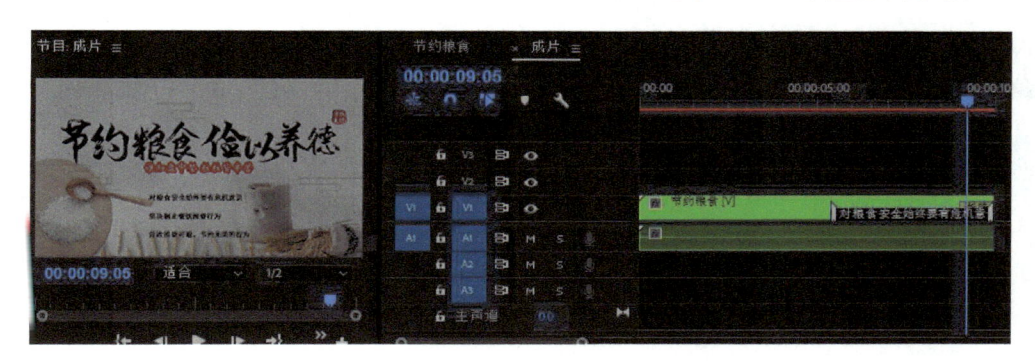

图 3-50　使用嵌套序列并整体添加"黑场过渡"

课后习题

利用《文明交通》中提供的素材，制作一部文明交通、遵纪守法的宣教片，参考效果如图 3-51 所示。

参考步骤

（1）新建 Premiere 项目，项目的分辨率与图片素材一致。

（2）以序列形式导入提供的.psd 格式的图片，打开序列。

（3）参照样片，给每一层添加"动作"面板关键帧、视频过渡或视频特效，必要的时候可剪切素材。

（4）输出 MP4 格式的影片。

图 3-51　课后习题参考效果

3.3 职业向往艺术短片

努力尽今夕，少年犹可夸。

——苏轼

要努力把握当下的每一个夜晚，年轻的时候还有可以夸耀的资本。亲爱的同学们，千万不要认为自己尚且年轻，时间可以大把地挥霍，因为人终究会老去，在我们还处于人生中最好年华的时候，一定要好好珍惜时间，去做自己想做的事情。作为新时代的准数字媒体从业人员，我们是未来的策划、摄影师、修图师、摄像师、剪辑师、特效包装师、航拍师，甚至是编剧、导演、职业经理人等，让我们把握当下的每一个时间节点，去做有意义的事情，为这个行业注入新鲜与活力。

知识概述

（1）熟练运用 Premiere 软件剪辑类工具。
（2）根据确定的主题撰写分镜头脚本。
（3）挑选原始素材并进行粗剪加工。
（4）选择合适的背景音乐。
（5）遵循镜头衔接的基本规范剪辑素材。
（6）根据做片需要添加适当的效果。
（7）完成文艺短片的剪辑。

任务描述

数字媒体行业有一个需求量很大的岗位，那就是剪辑师。本节通过一部体现剪辑师日常工作场景的艺术短片，带领读者把前面学习的 Premiere 软件各方面的知识融会贯通，再把第 2 章所讲的镜头衔接的原则等理论知识运用到实践中。

创意构思

剪辑是艺术，剪辑师是艺术的创作者。本片从头至尾贯穿这个主题思想，无论是片头的花瓣、人物的恬淡表情、搅动的咖啡，还是柔和的色调、轻柔的音乐、恰当的节奏，都传达出一种剪辑即艺术、剪辑即生活、剪辑即享受的情感，让观众产生职业向往。

任务实施

一部标准化影视片的拍摄制作流程包括编写分镜头稿本、素材拍摄与收集、粗剪、精剪、特效、合成等环节。在计划制作一部影视片的时候，切记不可抱有先把素材拍了，再根据拍完的内容进行剪辑的想法，这是极其错误的。影视片制作是一项专业且严谨的工作，我们一定要先把分镜头稿本写好，再根据稿本需要拍摄的画面准备素材，以及根据稿本既定的内容剪辑素材，选择合适的背景音乐，增加必要的特效包装，这样可以在很大程度上避免返工，并保证出片的高质量。

（1）本片的定位是剪辑即享受，我们在道具安排、人物服装、场景布置、色调把握、音乐选择、景别安排等方面都要仔细考虑，表达出舒适、惬意、享受的影片氛围，前期准备工作如表3-1所示。

表3-1 前期准备工作

道具安排	人物服装	场景布置	色调把握
满天星花束 寓意纯粹、喜爱	大披巾 体现慵懒惬意	明亮的窗、咖啡 工作环境幽雅	以粉色为主色调 寓意青春和梦想

（2）本片分镜头稿本如表3-2所示。

表3-2 分镜头稿本

序号	景别	画面	配乐
1		片头	窗外嘈杂声变小，舒缓音乐响起
2	近景（摇镜头）	将插着满天星的花瓶放在明亮的窗边，镜头摇到一位披着大披巾的女孩，面色恬静，若有所思，拿起一本书开始翻阅	
3	特写（小）	女孩边对照资料边在笔记本电脑上进行操作	敲击键盘声
4	特写（大）	女孩纤纤玉手翻阅资料	舒缓音乐
5	近景	女孩眼中闪光，面部洋溢着微笑	
6	特写（大）	女孩搅动咖啡	
7	特写	女孩望向窗外，阳光透过玻璃照进房间，惬意自在	

提示

本片从一开始的嘈杂声过渡到舒缓音乐，寓意当开始工作时，外界的一切干扰都不会影响到剪辑师。片中女孩情绪的微变化，同样体现出即使其遇到小小的困扰，也会微笑面对。

（3）在分镜头稿本准备完毕后，我们要做一件很重要的事，那就是挑选原始素材。在"D:\工程文件\职业向往艺术短片\素材"文件夹中可以看到，原始视频素材有数十个，这是因为摄像师在工作时，同一个场景往往要拍摄好几条才能达到满意的效果，所以重复素材较多。我们需要在这些重复素材中挑选最好的一条短片,供剪辑使用。依据稿本的要求,从中选取出文件名为 C0022、C0030、C0051、C0053、C0058、C0079 的素材备用,如图 3-52 所示。打开 Premiere 软件,新建项目"职业向往艺术短片",位置为"D:\工程文件\职业向往艺术短片"。在进入工作界面后,把"职业向往艺术短片"文件夹中"素材"内的图片文件"片头.psd"以序列形式导入,在"项目"窗口中可以看到一个名称为"片头"的序列,用鼠标双击并打开该序列。给 V2 视频轨道的"花束"层添加百叶窗过渡,在"效果控件"面板的"百叶窗"特效中,设置宽度为 20、羽化为 8.0、过渡完成项在 00:00:00:00 处设置为 0%,在 00:00:01:00 处设置为 100%,给"花束层"添加百叶窗特效,如图 3-53 所示。

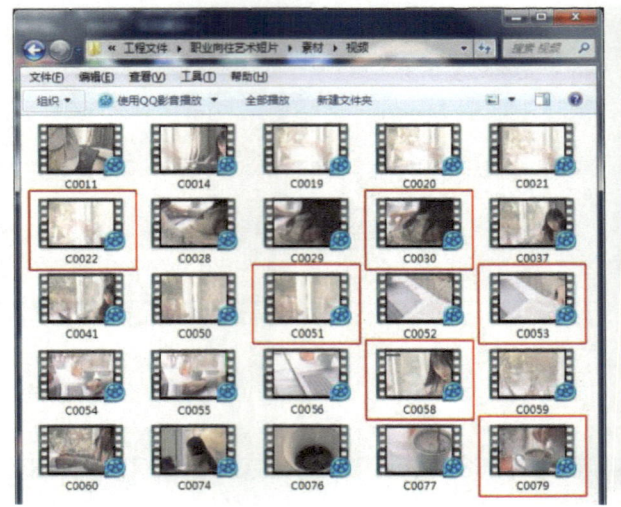

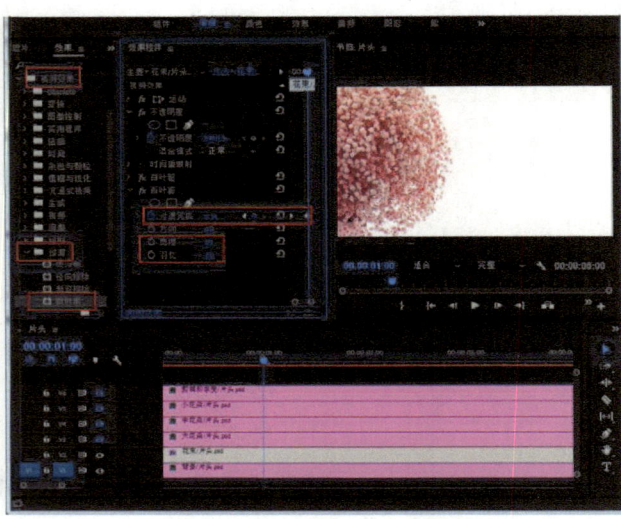

图 3-52 在原始素材中挑选备用素材   图 3-53 添加百叶窗特效

> 提示

在挑选原始素材时,教给读者一个小窍门。一般情况下,同一个场景的素材会连续拍摄多个,当拍摄满意后再进行下一个场景的拍摄,所以往往同一个场景的最后一条视频质量比较高。当然,有时高质量素材也会被放在中间,因此这个窍门仅供参考。

在导入.psd 格式的图片时有多种选择,本例以序列形式导入,还可以单独导入其中一个图层,可根据实际需要进行选择。

(4)给 V3 视频轨道中的"大花朵"图层添加运动关键帧。在 00:00:01:00 处设置位置参数为(1500,350),缩放参数为 0%。在 00:00:01:15 处设置位置参数为(960,540),缩放参数为 100%,实现"大花朵"绽放的效果,具体见源文件,如图 3-54 所示。

(5)给 V4 视频轨道中的"中花朵"图层添加运动关键帧。在 00:00:01:15 处设置位置参数为(1270,885),缩放参数为 0%。在 00:00:02:05 处设置位置参数为(960,540),缩放参数为 100%,实现"中花朵"绽放的效果,具体见源文件,如图 3-55 所示。

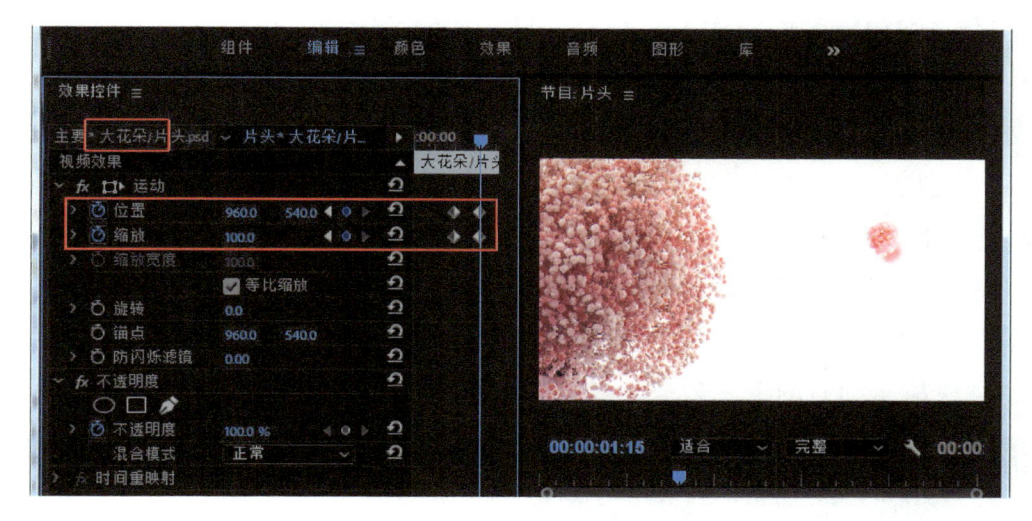

图 3-54　给"大花朵"图层添加运动关键帧

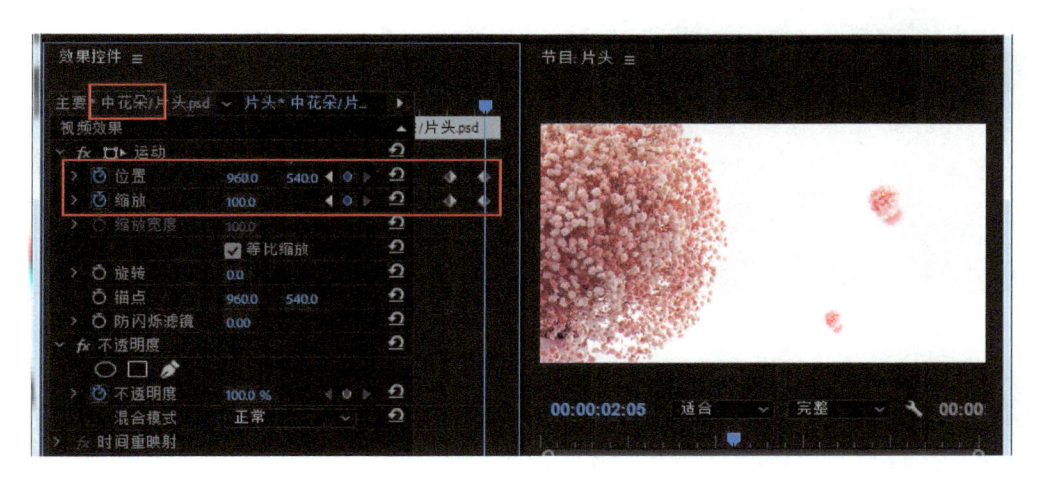

图 3-55　给"中花朵"图层添加运动关键帧

（6）给 V5 视频轨道中的"小花朵"图层添加运动关键帧。在 00:00:02:05 处设置位置参数为（1560,450），缩放参数为 0%。在 00:00:02:20 处设置位置参数为（960,540），缩放参数为 100%，实现"小花朵"绽放的效果，具体见源文件，如图 3-56 所示。

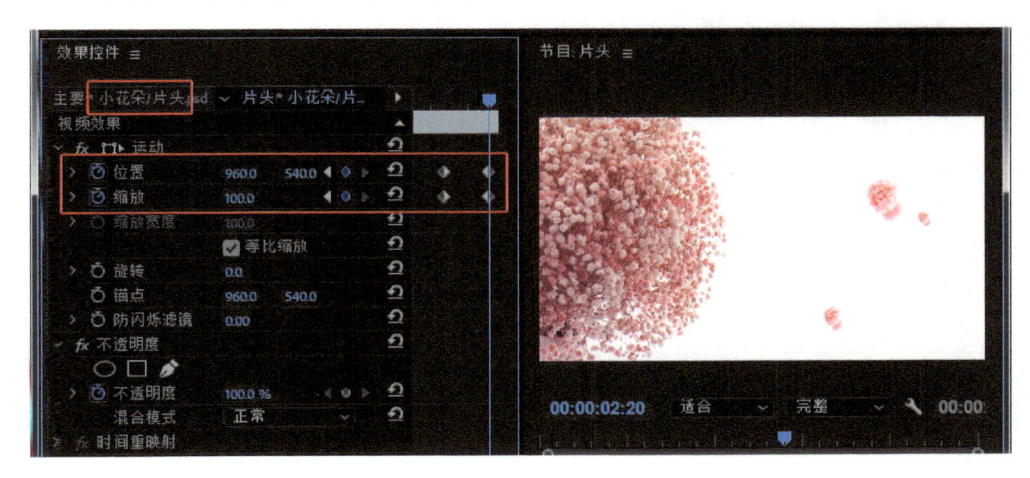

图 3-56　给"小花朵"图层添加运动关键帧

071

实现三朵花绽放特效的操作方法类似，只是初始关键帧的位置不同，也可以整体复制"大花朵"的运动参数，并粘贴到另外两朵花的图层上，再修改关键帧位置即可。

（7）给 V6 视频轨道中的"剪辑即享受"图层添加裁剪特效。在"效果"面板中打开"视频效果"文件夹，找到二级文件夹"变换"，把该文件夹中的特效"裁剪"拖动到素材"剪辑即享受"上。在"效果控件"面板中设置"裁剪"中的"羽化边缘"参数为150。在00:00:02:20 处，为"右侧"添加一个关键帧，并把参数设置为100%。在 00:00:04:20 处，再为"右侧"添加一个关键帧，把参数设置为0%。在"节目"面板中可以看到"剪辑即享受"5 个字呈现从左到右的擦除效果，如图 3-57 所示。

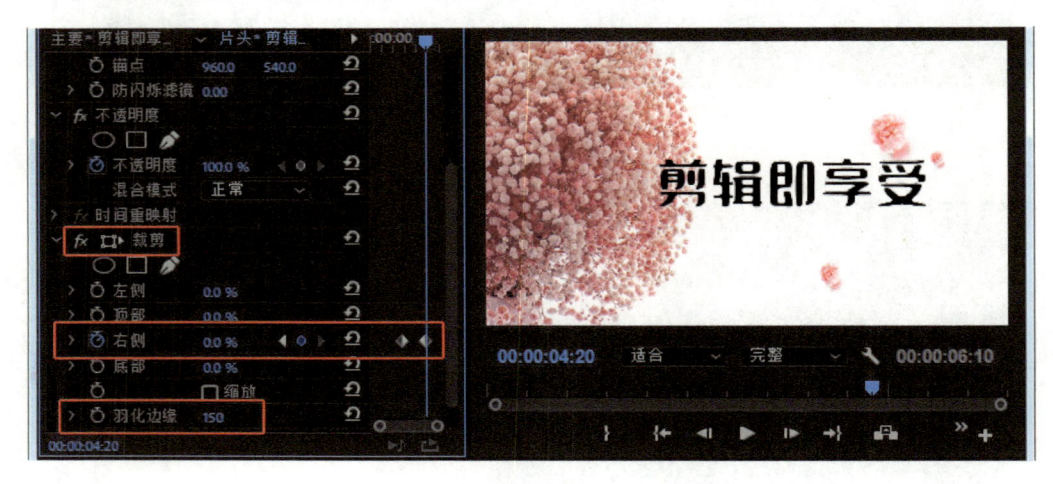

图 3-57 给"剪辑即享受"图层添加裁剪特效

（8）给 V6 视频轨道中的"剪辑即享受"图层继续添加镜头光晕特效。在"效果"面板中打开"视频效果"文件夹，找到二级文件夹"生成"，把该文件夹中的特效"镜头光晕"拖动到素材"剪辑即享受"上。在"效果控件"面板中设置"镜头类型"为"50—300 毫米变焦"，在 00:00:04:20 处，为"光晕中心"添加一个关键帧，把位置参数设置为（640,640），使得光晕在文字的左下角。在 00:00:05:20 处，再为"光晕中心"添加一个关键帧，把位置参数设置为（1640,640），使得光晕在文字的右下角。在"节目"面板中可以看到光晕沿着文字底边扫过的效果，如图 3-58 和图 3-59 所示，详见源文件。至此，片头制作完成。

提示

视频过渡中的划出特效与上文的裁剪特效类似，只是没有"羽化边缘"选项，文字出场会显得生硬，读者可以比较一下。

片头全部使用 Premiere 软件自带的特效完成制作，注意在实际制作影片时，不能只注重特效的堆砌，还要结合所要表达的主题选择合适的特效，从而达到预期的效果。

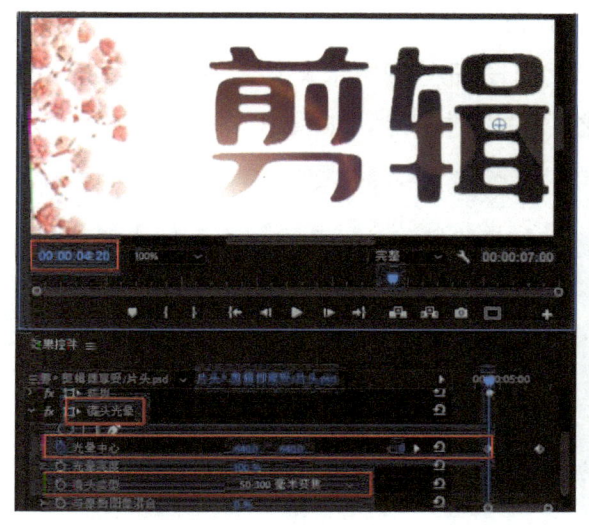

图 3-58 设置 4 秒 20 帧时的特效参数 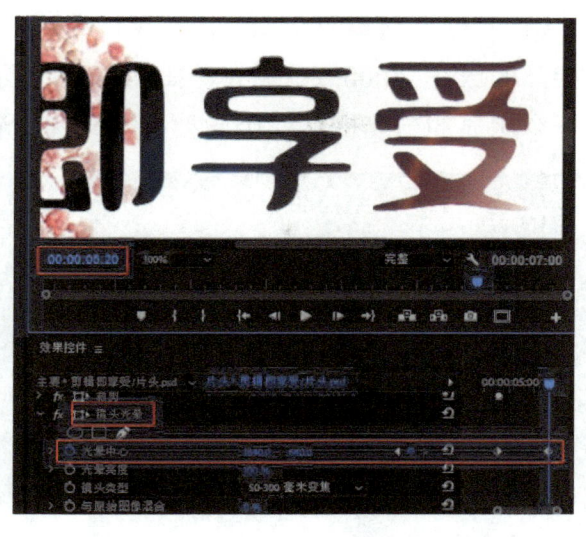　　图 3-59 设置 5 秒 20 帧时的特效参数

（9）进行素材剪辑工作。新建序列"剪辑"，设置帧大小为 1920 像素×1080 像素，与视频素材的分辨率一致。把音频素材"职业向往艺术片配乐.mp3"拖入音频轨道 A1 的 00:00:00:00 处，在"项目"窗口里找到序列"片头"，将其拖入 V1 视频轨道的 00:00:00:00 处。接下来按照分镜头脚本的要求，找到一段表现女孩拿起一本书翻阅的近景画面，即选择素材"C0022"并将其拖动到 V2 视频轨道的 00:00:00:00 处。本片不需要使用素材原声，使用鼠标右键单击素材，在弹出的快捷菜单中选择"取消链接"，如图 3-60 所示，然后按键盘中的"Delete"键把音频删除。我们观察一下这段素材，发现 00:00:00:00 到 00:00:01:17 之间的画面晃动比较厉害，在工具栏中选择剃刀工具，在 00:00:01:17 处把素材剪断，删除前半段晃动的素材，如图 3-61 所示。

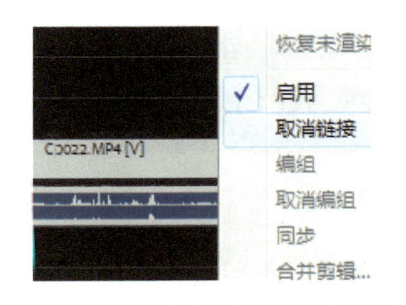

图 3-60 取消素材音视频的链接 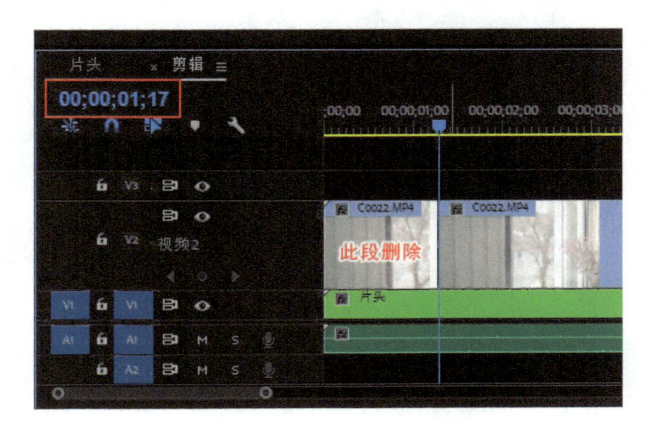　　图 3-61 删除素材的晃动片段

提示

序列"片头"的总长是 8 秒，根据配乐的节奏剪短了几帧，实际长度为 7 秒 56 帧。注意，因为本例的视频素材是 59.94 帧/秒的高清素材，所以序列"剪辑"的时基为 59.94 帧/秒。

（10）把素材"C0022"拖入 V1 视频轨道，放置在素材"片头"的右边，并与之无缝衔接，即放在 00:00:07:57 处，如图 3-62 所示。我们仔细观察配乐文件，在 00:00:20:44 处有一个明显的节奏变化，因此要把该时间位置之后的素材删除，如图 3-63 所示。

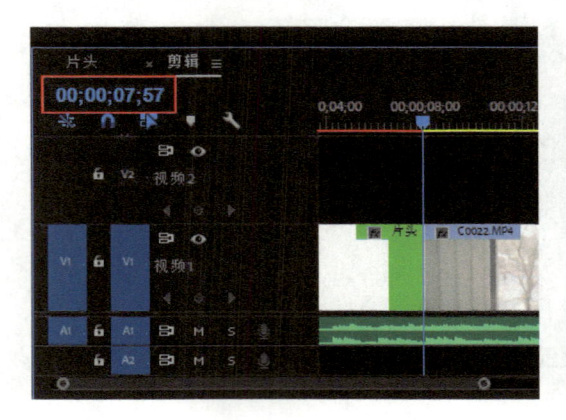

图 3-62　把素材与片头无缝衔接　　　　　图 3-63　删除素材的后半段

（11）根据分镜头稿本的要求，第 3 个镜头为女孩边对照资料边在笔记本电脑上进行操作的小特写。选择素材"C0030"，并将其拖入 V2 视频轨道的 00:00:00:00 处。依据素材的质量和音频节奏的需要，我们选择从 00:00:07:35 到 00:00:15:20 的片段，持续时间大约为 8 秒，将其拖动到 V1 视频轨道的素材后面，并与之无缝衔接，在 00:00:28:29 处结束，如图 3-64 所示，详见源文件。

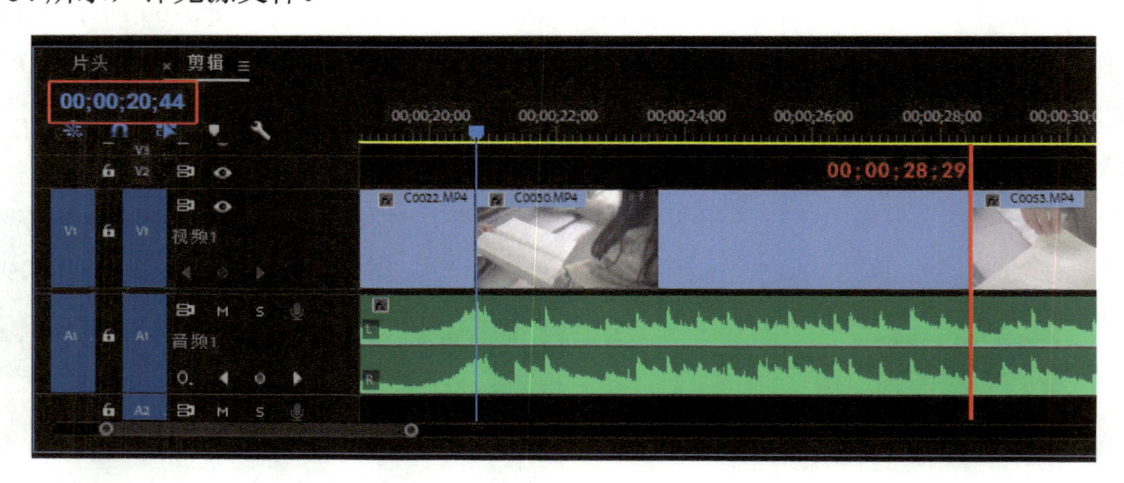

图 3-64　剪辑素材"C0030"的片段

（12）根据分镜头稿本的要求，第 4 个镜头为女孩用纤纤玉手翻阅资料的大特写。选择素材"C0053"，并将其拖入 V2 视频轨道的 00:00:00:00 处，依据素材的质量和音频节奏的需要，我们选择从 00:00:05:15 到 00:00:08:35 的片段，持续时间大约为 3 秒，拖动到 V1 视频轨道的素材后面，并与之无缝衔接，在 00:00:31:49 处结束，如图 3-65 所示，详见源文件。

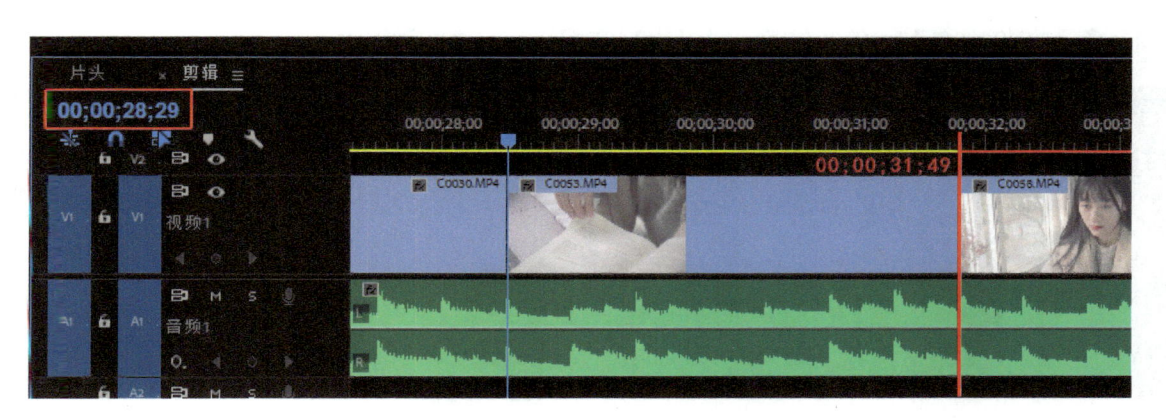

图 3-65　剪辑素材"C0053"的片段

> **提示**
>
> 第 2 个、第 3 个和第 4 个镜头分别为近景、小特写和大特写，持续时间分别约为 14 秒、8 秒和 3 秒。这里遵循了镜头衔接时景别变化要循序渐进的基本规范，从多个角度反映同一个场景是最基础的影视画面语言，有助于我们表达情感，引起观众的观赏兴趣。

（13）根据分镜头稿本的要求，第 5 个镜头为女孩眼中闪光，面部洋溢着微笑的近景。我们选择素材"C0058"，并将其拖入 V2 视频轨道的 00:00:00:00 处，依据素材的质量和音频节奏的需要，我们选择从 00:00:00:00 到 00:00:04:43 的片段，持续时间大约为 4 秒，将其拖动到 V1 视频轨道的素材后面，并与之无缝衔接，在 00:00:36:32 处结束，如图 3-66 所示，详见源文件。

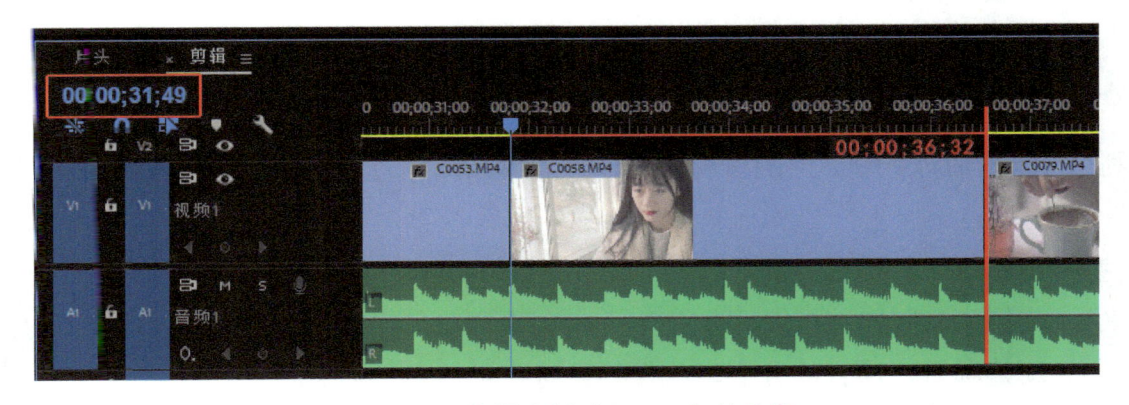

图 3-66　剪辑素材"C0058"的片段

（14）根据分镜头稿本的要求，第 6 个镜头为女孩搅动咖啡的大特写，第 7 个镜头为女孩望向窗外，阳光透过玻璃照进房间的特写。依据素材的质量和音频节奏的需要，我们选择素材"C0079"的从 00:00:01:40 到 00:00:05:30 的片段，持续时间大约为 4 秒，将其拖动到 V1 视频轨道的素材后面，并与之无缝衔接，再选择素材"C0051"的从 00:00:32:25 到 00:00:37:02 的片段，持续时间大约为 5 秒，将其拖动到 V1 视频轨道的素材后面，并与之无缝衔接，在 00:00:45:00 处结束，如图 3-67 所示，详见源文件。

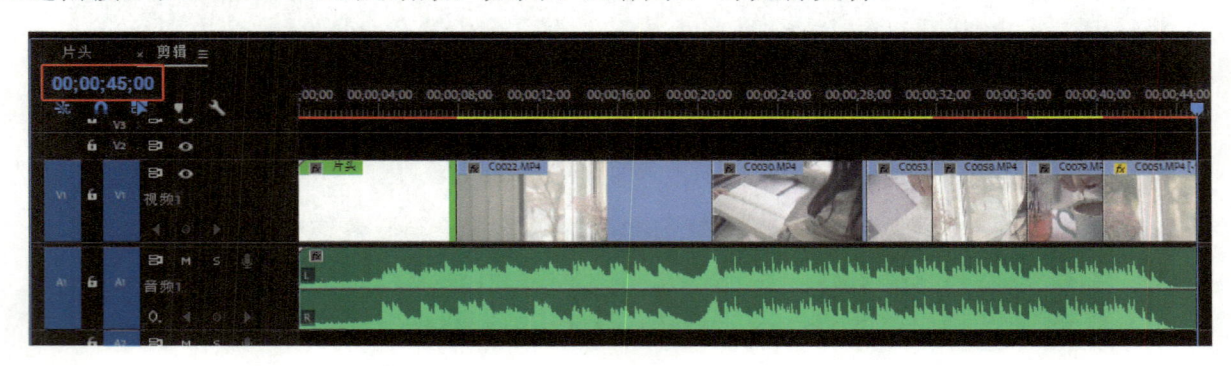

图 3-67　所有素材剪辑完成

（15）给片尾添加视频过渡"黑场过渡"特效，设置持续时间为 1 秒 30 帧，输出影片为 MP4 格式，完成职业向往艺术短片的制作。

提示

本片只有 7 个镜头，从规范的分镜头稿本开始，到剪辑过程中技巧的运用（景别变化、镜头持续时间、音视频结合等），再到成片完成，展示了一部短片完整的制作流程，充分表现出本片的主题，具有较强的欣赏价值。

课后习题

利用《味蕾甜冰》中提供的素材，制作一部甜品制作过程的短片，参考效果如图 3-68 所示。

参考步骤

（1）依据甜品制作过程编写分镜头稿本。

（2）新建项目，项目的分辨率与视频素材的分辨率一致。

（3）依据分镜头稿本剪辑素材，注意遵循镜头剪辑规范。

（4）输出为 MP4 格式的影片。

图 3-68　课后习题参考效果

3.4 《三字经》诵读片

人之初，性本善。性相近，习相远。

——《三字经》

《三字经》成书于南宋时期，从成书到现在已有几百年历史，流传至众多国家，是一部优秀的儿童启蒙读物。其内容丰富，知识面广，既有表现四时更替、万物生生不息的内容，又有朝代更换、文坛名家和文学经典的记录，是一部微型百科全书，在精神文明和物质文明高度发展的今天，其独特的思想价值和文化魅力对新时代儿童的成长和教育仍然具有积极作用。

知识概述

（1）运用 Premiere 软件的剪辑类工具。
（2）遵循镜头衔接的基本规范剪辑素材。
（3）掌握 Premiere 软件遮罩效果的制作。
（4）掌握 Premiere 软件视频调色特效的制作。

任务描述

树莓小学开展"读好书、诵经典"活动，要求以录制视频的形式提交一部诵读片，起到让学生与书为友，从经典书籍中汲取民族精神的"源头活水"，提升文化素养，构建书香校园的目的。

创意构思

因为传统经典文化是中华文明传承数千年的重要载体，所以我们选择从古至今具有广泛影响的儿童启蒙读物《三字经》为本次诵读片的内容，在儿童的诵读声中结合中国风的特效，抒发对祖国文化瑰宝的热爱之情。

任务实施

（1）本片的定位是弘扬优秀传统文化，在道具安排、人物服装、场景布置、色调把握、音乐选择、景别安排等方面都要仔细考虑，以表达纯粹的中国风，抒发对祖国文化瑰宝的热爱，前期准备工作如表 3-3 所示。本片分镜头稿本如表 3-4 所示。

表 3-3　前期准备工作

道具安排：书简	人物服装：汉服	场景布置：亭台楼阁	音乐选择：古琴曲
			云水禅心

表 3-4　分镜头稿本

序号	景别	画面	同期声	配乐
1		画卷展开片头		云水禅心
2	全景	以校园照片为背景，徐徐展开的书简上呈现《三字经》内容简介		《太极》（古琴版）
3	近景—中景	4 名女生依次出现在小桥上	人之初，性本善。性相近，习相远。苟不教，性乃迁。教之道，贵以专	
4	全景	4 名男生围坐在石桌旁，手拿竹简诵读	昔孟母，择邻处。子不学，断机杼	
5	近景	2 名男生坐在石桌旁，手拿竹简诵读	窦燕山，有义方	
6	全景	4 名男生围坐在石桌旁，手拿竹简诵读	教五子，名俱扬	
7	中景—全景	3 名女生坐在石头上诵读，3 名男生从远处边读边走近，与女生站成一排	养不教，父之过。教不严，师之惰。子不学，非所宜。幼不学，老何为	
8	中景	1 名男生和 1 名女生边走边诵读	玉不琢，不成器。人不学，不知义。为人子，方少时。亲师友，习礼仪	
9		片尾署名字幕		

（2）分镜头稿本准备就绪，备齐所有素材，下面正式进行剪辑工作。打开 Premiere 软件，新建项目"三字经诵读片"，存储位置为"D:\工程文件\三字经诵读片"。进入工作界面后，把"D:\工程文件\三字经诵读片\素材"文件夹中所有素材，包括视频、图片和音乐，全部导入"项目"窗口。新建序列"画卷"，将视频素材"C0012"拖入 V2 视频轨道，此时系统会弹出一个对话框，选择"更改序列设置"选项，这样序列就会自动变更为素材的分辨率，如图 3-69 所示。注意，本操作只对第一个拖入序列的素材有效。将素材"C0012"时间点 00:00:18:24 后面部分截去，保留素材前面时间的内容，再把素材的"缩放"参数修改为"53"，如图 3-70 所示。

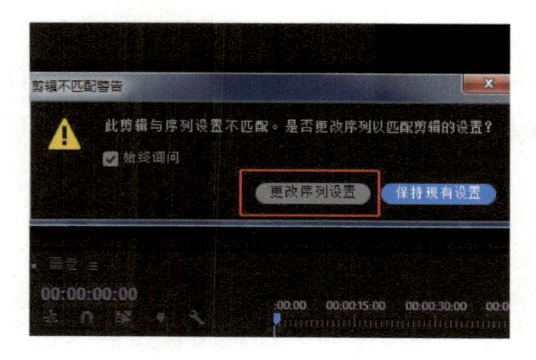

图 3-69　选择"更改序列设置"选项 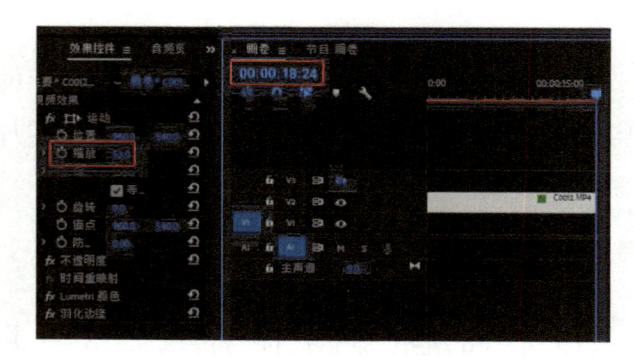　　　图 3-70　设置"C0012"素材参数

（3）新建字幕"画卷衬纸"，使用矩形工具绘制矩形，矩形比视频略大一圈，将宣纸的颜色填充为黄色（R225 G216 B187），如图3-71所示。把字幕"画卷衬纸"拖入V1视频轨道，放在视频素材下方，并拖长至00:00:18:24处，与V2视频轨道的素材等长。给V2视频轨道的"C0012"图层添加"羽化边缘"特效，设置"数量"选项的参数为30，如图3-72所示。

图3-71 绘制宣纸　　　　　　　　图3-72 添加"羽化边缘"特效

（4）新建字幕"画轴"，使用矩形工具绘制渐变色画轴，如图3-73所示。画轴的位置在宣纸的左边。新建序列"画卷展开"，将序列"画卷"拖入V1视频轨道，将字幕"画轴"分别拖入V2视频轨道和V3视频轨道。为序列"画卷"添加视频过渡"划出"，设置持续时间为15秒，方向为"自西向东"。为V3视频轨道的字幕"画轴"设置5处位置关键帧，具体见源文件，如图3-74所示。

图3-73 绘制画轴　　　　　　　　图3-74 设置"画轴"和"画卷"参数

数字影音编辑与合成

> **提示**
>
> 本片头使用 Premiere 软件制作画卷展开的效果，需要注意画轴的位置关键帧只有 X 值变化，Y 值保持不变，使得画轴始终在水平线上运动，与画卷的划出效果保持一致，避免穿帮。本例中将字幕"画卷衬纸"和视频素材封装在序列"画卷"里，是为了保证在进行透明度变化时保持一致。

（5）新建字幕"主标题"，输入文字"三字经"，并设置该文字水平居中和垂直居中，具体参数设置如图 3-75 所示。新建字幕"拓印"，使用圆角矩形工具绘制正红色（R255 G0 B0）拓印，并添加文字，参数设置如图 3-76 所示。

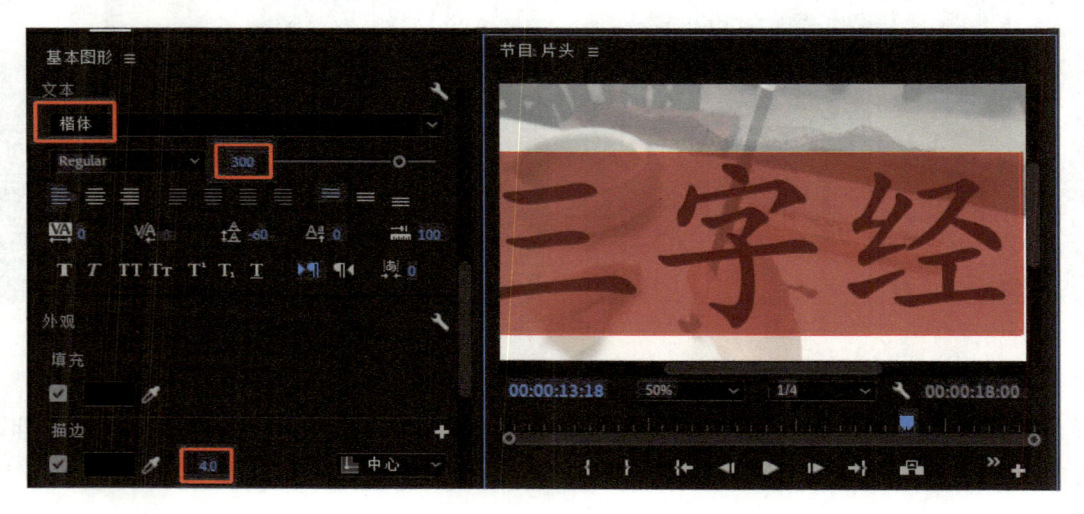

图 3-75 设置"主标题"参数

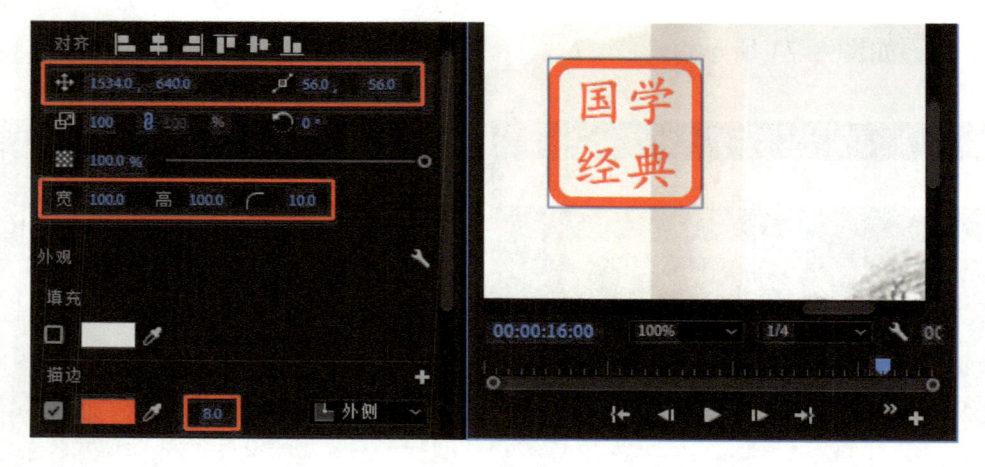

图 3-76 设置"拓印"参数

（6）新建序列"片头"，将素材图片"背景"拖入 V1 视频轨道的 00:00:00:00 处，将序列"画卷展开"V2 拖入视频轨道的 00:00:00:00 处。在 00:00:12:00 处添加不透明度关键帧，设置参数为 100%。在 00:00:14:00 处也添加不透明度关键帧，设置参数为 20%。将字幕"主标题"拖入 V3 视频轨道的 00:00:12:00 处，并在起始位置添加视频过渡特效"交叉溶解",持续时间为 1 秒 15 帧。将字幕"拓印"拖入 V4 视频轨道的 00:00:14:15 处，分别在 00:00:14:15 和 00:00:16:00 处更改锚点位置，设置缩放和不透明度的关键帧，如图 3-77 和图 3-78 所示，具体见源文件。

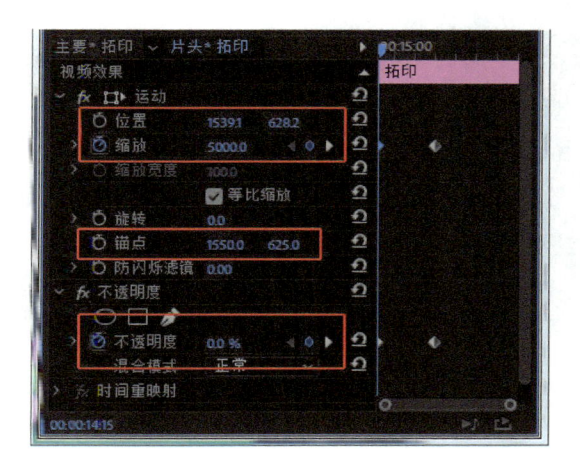

图 3-77　00:00:14:15 处"拓印"图层参数 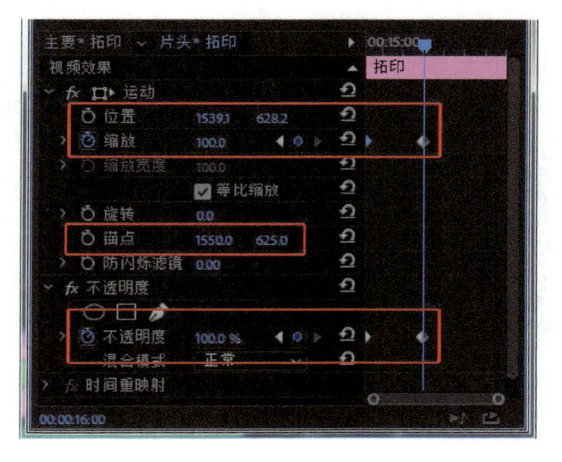　　　图 3-78　00:00:16:00 处"拓印"图层参数

（7）把音频素材"音乐 01"拖入 V1 音频轨道的 00:00:00:00 处，截取所有音视频素材至 00:00:17:24 处，完成片头的制作，如图 3-79 所示。

图 3-79　完成片头的制作

（8）新建序列"书卷"，把图片素材"竹简"拖入 V1 视频轨道的 00:00:00:00 处，将时间拖动至 00:00:34:16 处。新建字幕"开篇语 01"，在文本素材"开篇语"中选择"《三字经》是我中华悠悠五千年灿烂"作为垂直文字内容，字体为隶书，字号为 40，字间距为 15，位置在竹简最右边第一片的中间，参数设置如图 3-80 所示。把字幕"开篇语 01"拖入 V2 视频轨道的 00:00:02:08 处。以此类推，完成字幕"开篇语 02"到字幕"开篇语 24"，间距为 1 秒，将它们依次拖入 V3 视频轨道至 V25 视频轨道，如图 3-81 所示，详见源文件。

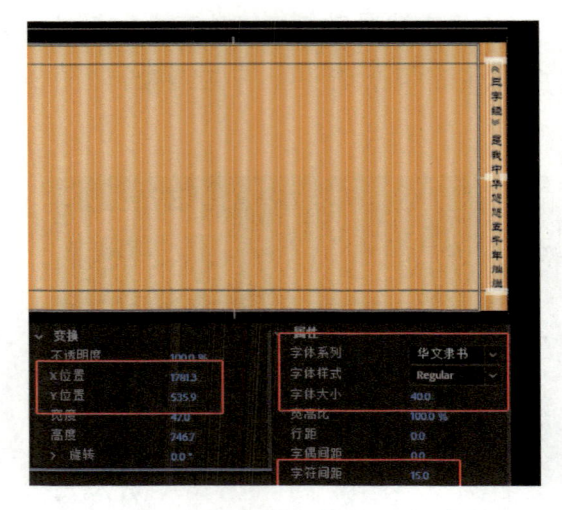

图 3-80　字幕"开篇语 01"参数　　　　　图 3-81　依次拖入字幕文件

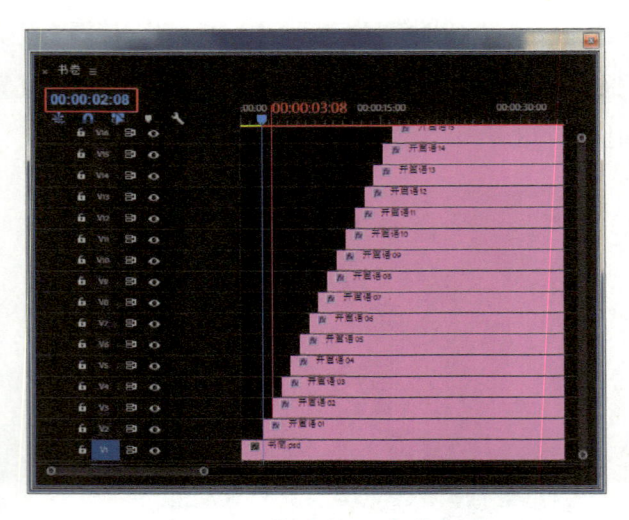

> **提示**
>
> 因为文字要逐行做动画，所以可以在 Photoshop 软件中把每列文字事先准备好，但在 Premiere 中排版会更方便一些。

（9）制作书简徐徐展开的效果，为《三字经》的内容应用动画。给 V1 视频轨道的素材"背景"添加视频过渡特效"划出"，设置持续时间为 26 秒，划出方向为"自西向东"，如图 3-82 所示。

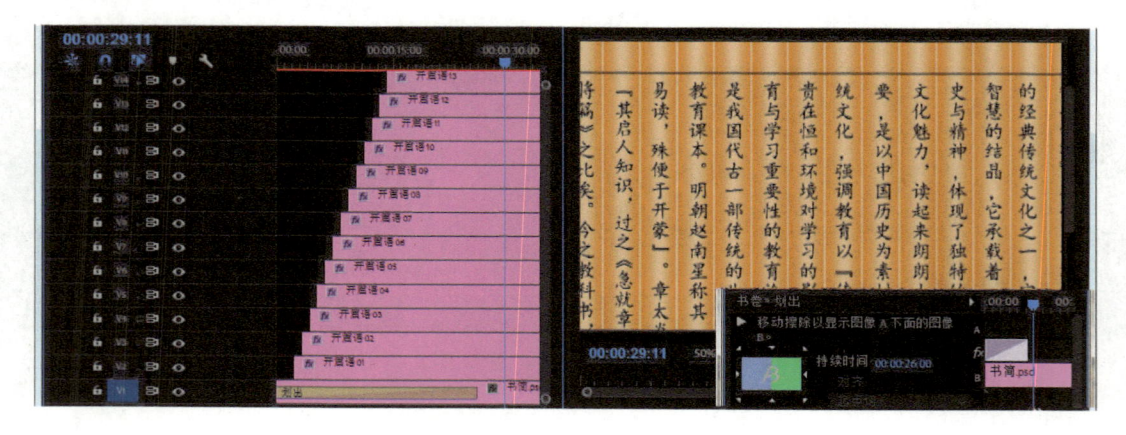

图 3-82　设置竹简的展开效果

（10）为字幕"开篇语 01"添加视频特效"线性擦除"，设置"羽化"的参数值为 10，擦除角度为 0°。在 00:00:02:08 处设置"过渡完成"的关键帧为 100%。在 00:00:03:08 处设置"过渡完成"的关键帧为 0%，完成第一片书简上的文字从上至下缓慢出现的效果，如图 3-83 和图 3-84 所示。

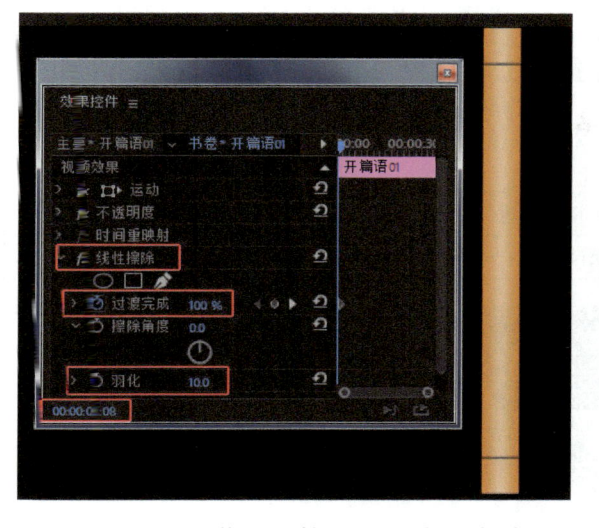

图 3-83 字幕"开篇语 01"起始状态 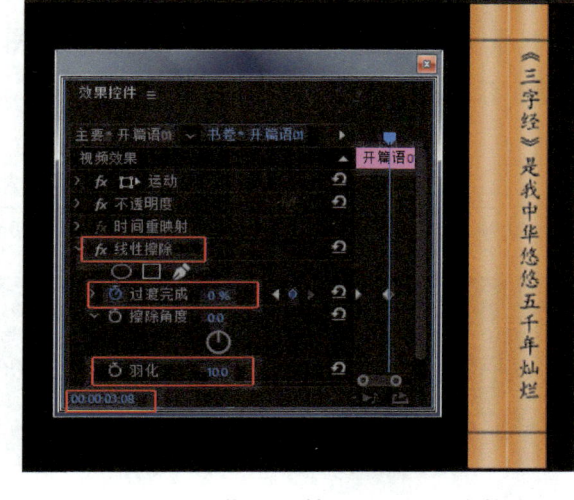　　　　图 3-84 字幕"开篇语 01"完成状态

（11）选中字幕"开篇语 01"，单击鼠标右键，在弹出的快捷菜单中选择"复制"选项，然后选择 V3 视频轨道～V25 视频轨道中的所有素材，单击鼠标右键，在弹出的快捷菜单中选择"粘贴属性"选项，可以看到视频效果"线性擦除"和其所有参数全部出现在其他图层，从而快速实现书卷动画，素材与片头无缝衔接，如图 3-85 所示。如果只复制字幕"开篇语 01"的"线性擦除"选项，如图 3-86 所示，则需要给其他图层添加视频特效"线性擦除"后再粘贴属性，但只能粘贴该特效的属性，其他动作属性（包括运动、不透明度等）都不会受到影响。

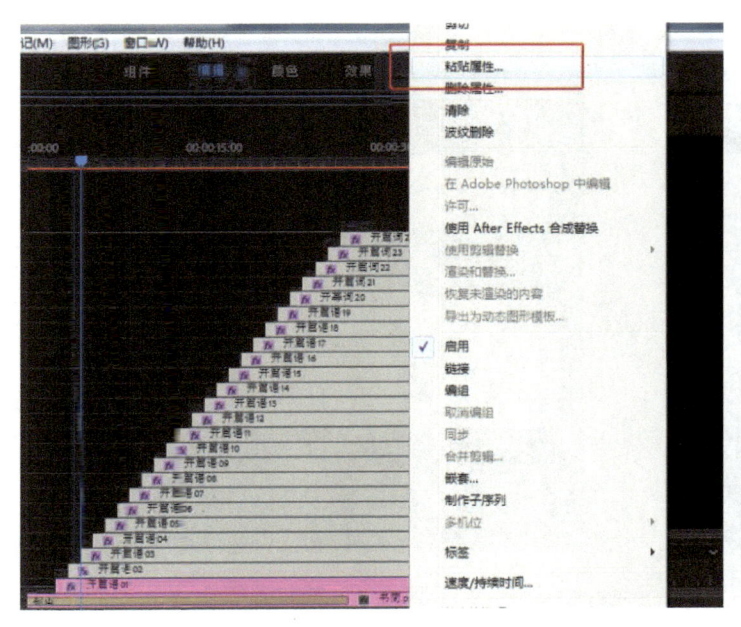

图 3-85 素材与片头无缝衔接 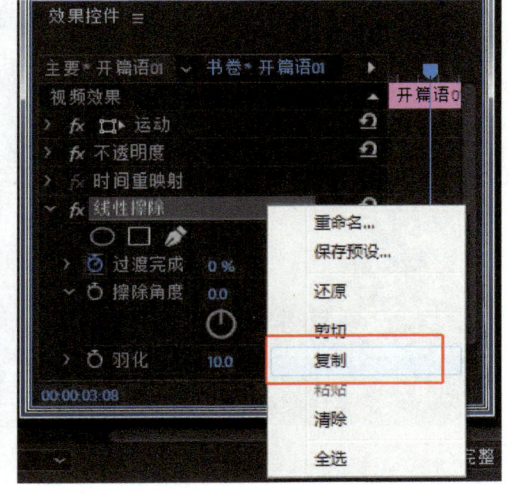　　　　图 3-86 复制"线性擦除"视频特效

（12）新建序列"卷轴"，将音频素材"音乐 02"拖入 A1 音频轨道，删除 00:00:34:16 后的部分。将图片素材"图片 01"～"图片 06"拖入 V1 视频轨道，依据音乐的节奏剪辑好长度并无缝衔接，在"图片 01"前添加视频过渡"渐隐为黑色"，在图片之间添加视频

过渡"交叉溶解",所有过渡效果持续时间为1秒。将序列"书卷"拖入V2视频轨道,并设置不透明度为85%。至此,完成在校园图片背景上徐徐展开《三字经》竹简的动画,如图3-87所示,详见源文件。

图片素材卡点位置				
00:00:04:17	00:00:12:16	00:00:18:18	00:00:19:16	00:00:20:17

图3-87　序列"卷轴"的动画

(13)新建序列"剪辑",将序列"卷轴"拖入V1视频轨道,接下来按照稿本要求进行剪辑。稿本中的第3个镜头是4名女生依次出现在小桥上的近景至中景,我们在"项目"面板中找到视频素材"00003",用鼠标双击该素材,在"源"面板中单击"播放"按钮或拖动指针浏览素材,在00:00:02:07处单击"入点"按钮,在00:00:18:00处单击"出点"按钮,如图3-88和图3-89所示。选中可用部分的素材,并将其拖入V1视频轨道,与前段素材无缝衔接。

图3-88　选择素材入点　　　　　　　　图3-89　选择素材出点

(14)稿本中的第4~第6个镜头为同一个场景,几名男生围坐在石桌旁诵读的全景、近景和全景切换。选择素材"00101"的从00:00:04:09至00:00:11:19部分,素材"00103"的从00:00:04:03至00:00:08:02部分,素材"00106"的从00:00:06:18至00:00:11:06部分,将它们依次拖入V1视频轨道且相互无缝衔接,如图3-90所示。

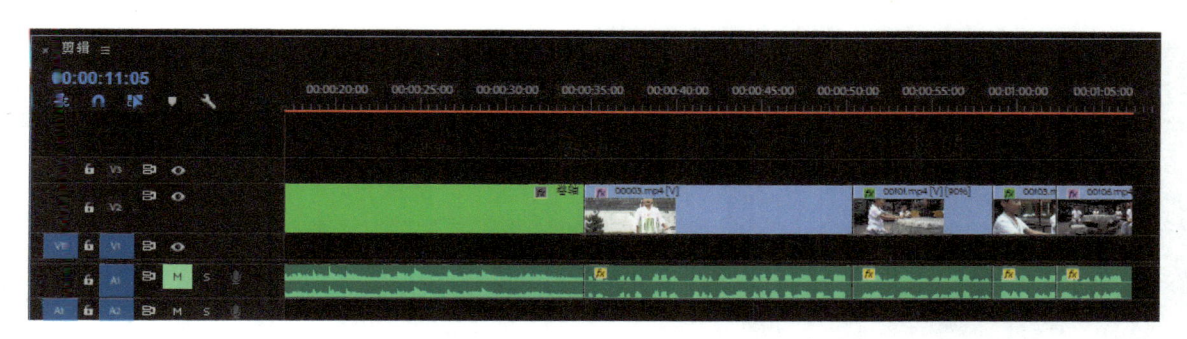

图 3-90　在序列"剪辑"中添加第 4～第 6 个镜头

（15）稿本中的第 7 个镜头为 3 名女生坐在石头上诵读，3 名男生从远处边读边走近，与女生站成一排的中景至全景；第 8 个镜头为 1 名男生和 1 名女生边走边诵读的中景。选择素材"00097"的从 00:00:03:01 至 00:00:18:23 部分，再选择素材"C0017"的从 00:00:02:06 至 00:00:18:11 部分，并将它们依次拖入 V1 视频轨道且无缝衔接，如图 3-91 所示。

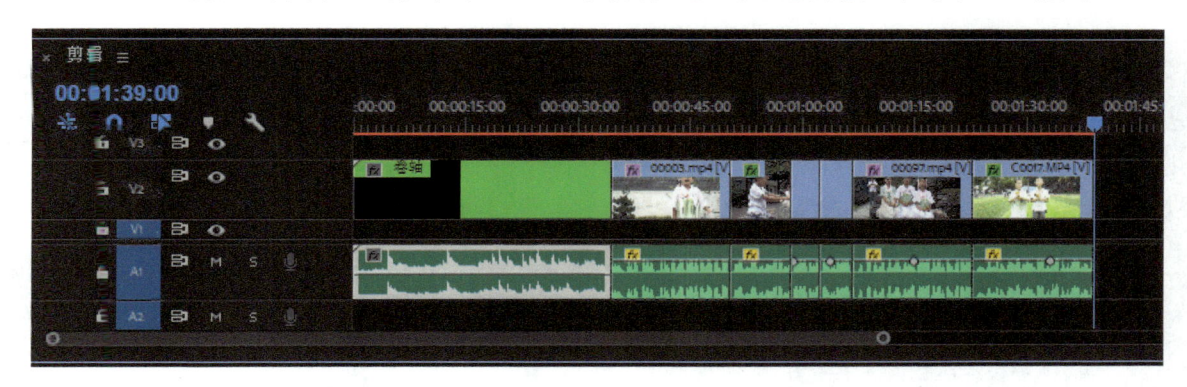

图 3-91　在序列"剪辑"中添加第 7 个和第 8 个镜头

提示

在本片的剪辑过程中，对素材的加工要注意以下几点。
（1）所有镜头无模糊、无晃动。
（2）移动镜头衔接符合剪辑基本原则。
（3）移动镜头和定镜头衔接有起幅或落幅过渡。
（4）能表现出一定的多景别切换。

（16）观察粗剪的素材，发现每段视频的色调都有区别，这是因为室外拍摄和室内拍摄受到不同环境光的影响，造成拍摄时的色温不同。给素材"00003"添加视频特效"Lumetri 颜色"，把 RGB 曲线向左上方适当拉伸，可以看到素材被调亮了，如图 3-92 所示。

（17）我们看到素材有些发红，给素材添加视频特效"色彩平衡"。设置红色调的阴影、中间调和高光均为-5，使画面曝光和色温恢复正常，如图 3-93 所示。用同样的方法调整好其他视频素材的色调。

图 3-92 拉伸 RGB 曲线来调整素材色调

图 3-93 添加"色彩平衡"特效

> **提示**
>
> 视频的色调没有固定的参数值，要根据原始素材的实际情况来调整，因为本片中每段素材的情况均不同，所以调整的参数值也不一样，基本原则就是尽量让所有素材调整后亮度和色调相同，保证视觉上的协调一致。每段素材里学生的语速也略有差别，故部分素材调整了播放速度，具体见源文件。

（18）第 9 个镜头为片尾署名字幕。新建字幕"片尾"，输入署名文字，设置字体为楷体、字号为 65、居中对齐，制作位置关键帧动画，实现字幕从底部进入并定格在画面中间的效果，如图 3-94 所示，详见源文件。

图 3-94　制作片尾署名字幕

（19）把图片素材"背景"和字幕"片尾"拖动到"卷轴"序列中，和前段素材无缝衔接，将音频素材"音乐 02"拖入音频轨道，删除序列里 00:01:50:12 以后的所有素材，给视频片段之间添加视频过渡特效"交叉溶解"并完成剪辑操作，如图 3-95 所示，详见源文件。

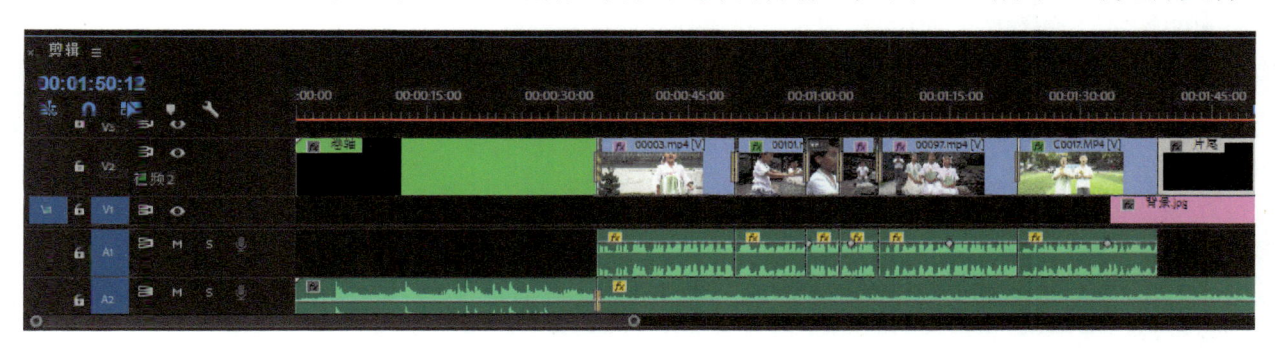

图 3-95　所有素材剪辑完成

提示

本片使用的配乐为经典古琴曲《太极》，以流水鸟鸣之声开启自然之气，以古琴之声开篇，中间以古筝、箫、锣鼓和小提琴之声叙述故事，最后又回归到鸟鸣和飞泉之声，配乐清新淡雅，令人沉静，与本片的意境融为一体，结尾与开头背景音乐交相辉映，形成完整的叙事篇章。

（20）在"文本"面板中单击"加号"按钮新建字幕，按照视频内容输入《三字经》正文，与同期声相匹配，设置文字字体为"微软雅黑"，使用白色填充、黑色描边，字号为 60，位置居下排中间，背景颜色的不透明度设为 0，注意字幕出现的时间要和视频内容相符，如图 3-96 所示。用相同的方法制作其他字幕。

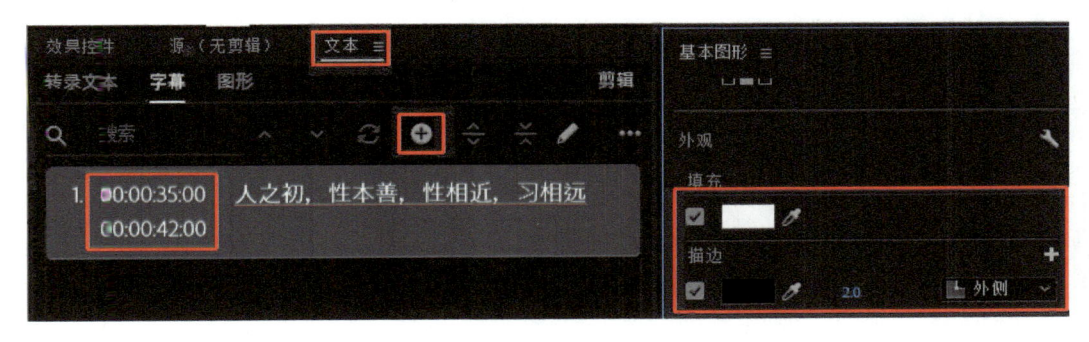

图 3-96　设置字幕参数

（21）新建序列"合成"，把序列"片头""剪辑"分别拖入 V1 视频轨道并无缝衔接，添加适当的"交叉溶解"过渡，即可完成本片的制作。

总结与回顾

《三字经》是我国的传统启蒙教材，也是中国古代经典当中最浅显易懂的读本之一，涵盖文学、历史、哲学、天文、地理、人伦义理、忠孝节义等。以《三字经》作为参赛片的主题，是对中华民族传统文化的弘扬。

课后习题

利用《人间仙境》中提供的素材，制作一部黄山风光介绍短片，参考效果如图 3-97 所示。

参考步骤

（1）依据提供的配音编写分镜头稿本。

（2）新建 Premiere 项目，项目的分辨率与视频素材的分辨率一致。

（3）依据分镜头稿本剪辑素材，注意遵循镜头剪辑规范。

（4）输出为 MP4 格式的影片。

图 3-97 课后习题参考效果

第 4 章

勃发·向阳而生

慎终如始，则无败事。

——《道德经》

"做事情如果到结束时仍如开始时那么慎重，就不会有失败的事了。"告诫人们做事应谨慎小心，坚持始终如一，才不致功败垂成。《道德经》是中国历史上的经典著作之一，对传统哲学、科学、政治、宗教等产生了深刻影响。据联合国教科文组织统计，《道德经》是被译成外国文字发布量最多的文化名著之一，被誉为"中华文化之源""万经之王"。作为新时代的准媒体人，应当将打好基础放在首位。本章就让我们来学习从事数字媒体行业必备的专业技能，把基本功打扎实，为后面的项目实战做好准备。

4.1 《少年赋》动态配词

抬眸四顾乾坤阔，日月星辰任我攀。

——苏轼

青春最珍贵的价值，就是让我们在这一去不返的光阴中，以青春的名义试炼、沉淀，历遍彻夜难眠，尽享雁过留声，但这一切都要以迈好坚实的第一步为先决条件。

知识概述

（1）创建指定格式的 Adobe After Effects 工程文件。
（2）制作常用的 8 种文字特效。
（3）制作常用的粒子特效。
（4）制作常用的三维特效。
（5）合成特定格式的影片。

任务描述

本任务通过为音乐《少年赋》添加动态歌词来学习 Adobe After Effects 2023（以下称为 After Effects）的使用方法，为后期制作综合性影视片打下基础。完成本任务后，就具备了使用 After Effects 进行特效包装的基本能力。

创意构思

《少年赋》的歌词和曲调结合得铿锵有力，完美地展现了少年英雄们作为勇敢善战的战士，追逐英雄梦想的壮志豪情。本片的动态文字和背景更加烘托出歌词中表现的豪情万丈，带给观众震撼人心的视觉冲击力。

任务实施

（1）让我们用一个练手小片打开 After Effects 的神秘"大门"。打开 Adobe After Effects 2023，在打开的界面中单击"新建项目"按钮，打开"新建项目"窗口，单击"新建合成"按钮，在弹出的对话框中输入名称"国风少年将军"，设置预设为"自定义"、宽度为 640 像素、高度为 380 像素、持续时间为 0:00:20:00，单击"确定"按钮完成合成的创建，如图 4-1 和图 4-2 所示。

图 4-1　新建项目和新建合成

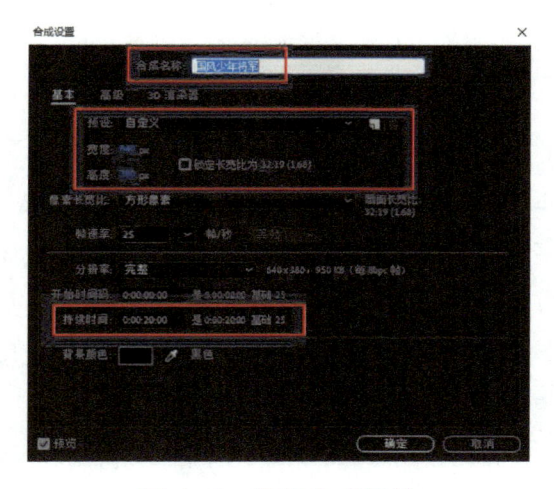

图 4-2　设置合成属性

（2）观察工作界面，先把文件夹"4.1 少年赋动态配词"—"国风少年将军"内"图片"文件夹中的所有图片拖动到"项目"窗口，再把所有图片素材拖入时间轴。在"时间轴"面板中，4 个素材已经分别被放置在 4 个图层上，持续时间和合成的持续时间等长。选中第一个图层"国风少年将军 01"，将时间指示器停留在 00:00:05:00 处，选择菜单"编辑"—"拆分图层"，该图层被拆分为两段，删除后一段，使得该图层的素材从 00:00:00:00 处持续到 00:00:05:00 处。用同样的方法处理其他图层，也可以直接拖动图片，使每张图片都持续 5 秒时间并依次排列在时间轴上，如图 4-3 所示。

图 4-3　导入素材并拆分图层

提示

导入素材的方法有很多，除上文所述外，还可以选择菜单"文件"—"导入"，选中所有图片素材，单击"开始"按钮导入"项目"窗口，也可以在"项目"面板的空白位置双击鼠标左键，选择导入的素材。在对软件熟悉后，可按快捷键"Ctrl+I"弹出"导入文件"窗口。在同一个项目中允许有多个图片分辨率不同的合成。

（3）在工具栏中选择文字工具，输入文字"长夜尽兮日将上"，在"文本"面板中设置字体为"楷体"、字号为 40 像素、填充色为白色、描边色为黑色、描边粗细为 2 像素。把文字放置在画面的左方，在"对齐"面板中设置文字为垂直对齐，如图 4-4 所示。用同样的方法制作另外 3 个文字图层"月如钩，割肝肠""战鼓擂兮声何壮""死又何伤"。把 4 个文字图层分别对应图片放置，调整图层长度，完成本例的编辑工作，如图 4-5 所示，具体见源文件。

图 4-4　输入文字并设置文字属性

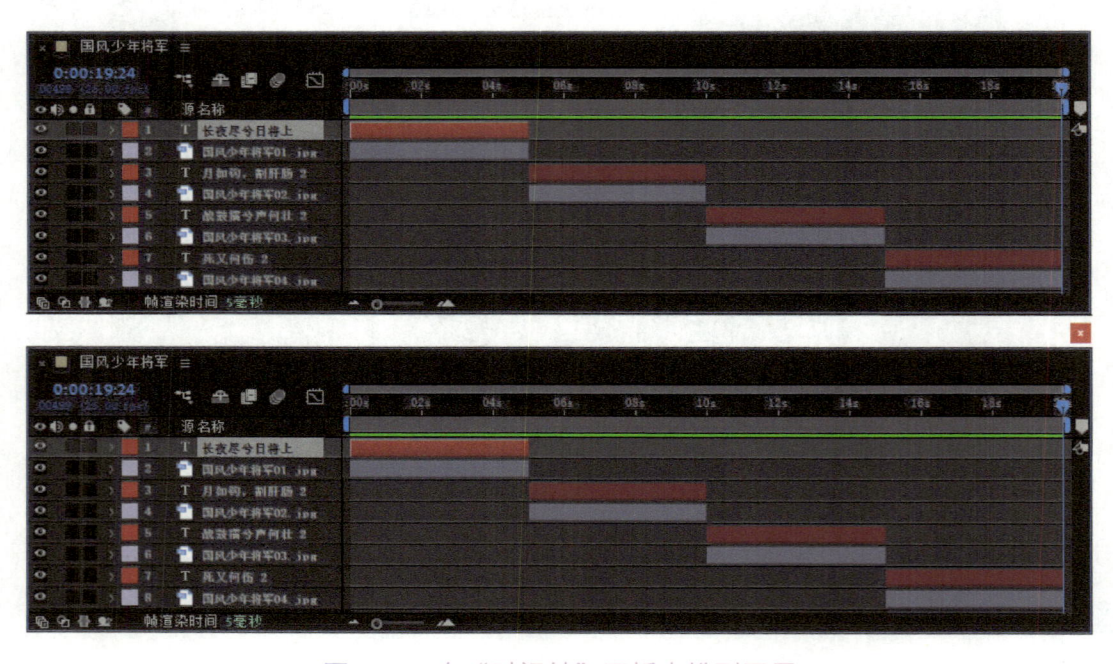

图 4-5　在"时间轴"面板中排列图层

（4）选择菜单"文件"—"创建代理"—"影片"，在弹出的"渲染设置"面板中修改参数："品质"为"最佳"，"分辨率"为"完整"，在"输出到"选项中修改文件输出位置。单击"渲染"按钮，完成 AVI 格式影片的输出，如图 4-6 所示。

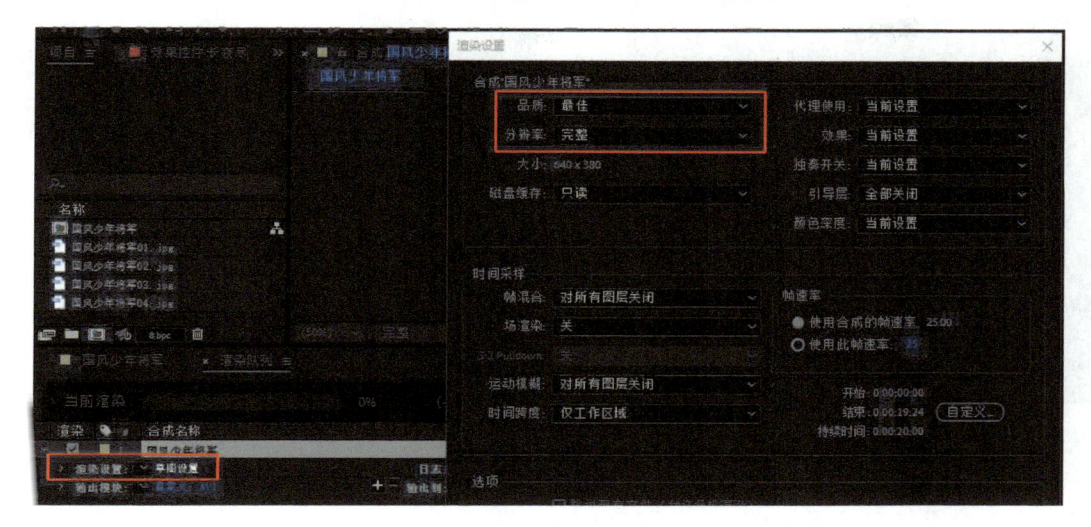

图 4-6 "渲染设置"面板参数

（5）完成练手小片后，我们正式开始制作音乐《少年赋》的动态配词，进一步学习 After Effects 在特效文字上的强大功能。新建项目"少年赋动态配词"，导入配乐"少年赋配乐"，新建合成"输出"，设置预设为"HD 1920×1080 25fps"，持续时间为 42 秒，帧速率为 25 帧/秒；把配乐拖入时间轴并仔细观察，发现配乐共有 8 句歌词，我们找到每处歌词的切点，单击鼠标右键，在弹出的快捷菜单中选择"标记"—"添加标记"，给每句歌词的切点做好标记，如图 4-7 和图 4-8 所示。

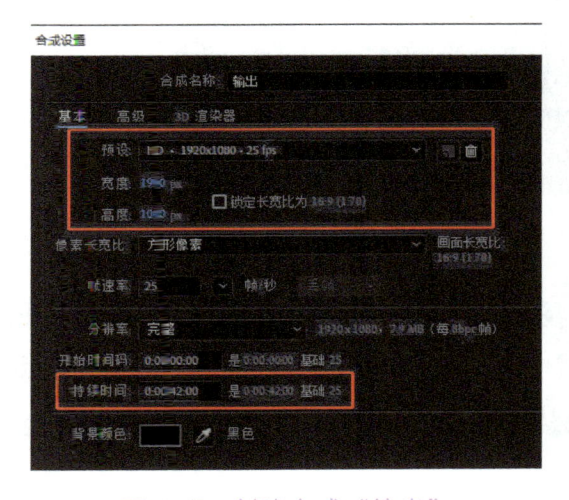

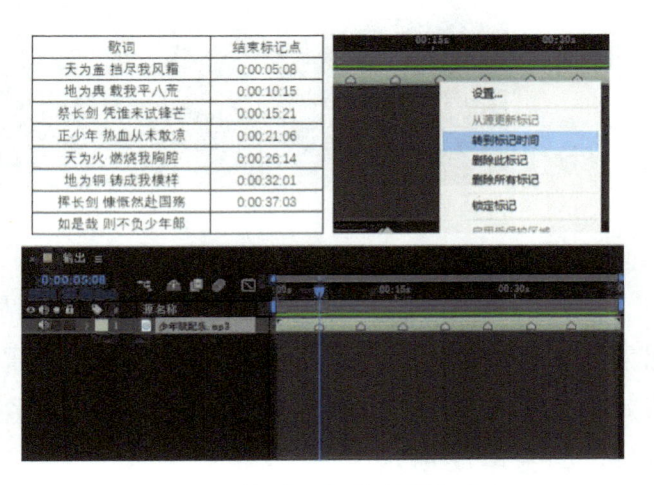

图 4-7 创建合成"输出"　　图 4-8 给歌词切点并做好标记

（6）新建合成"天为盖"，该合成的分辨率和合成"输出"的分辨率保持一致，合成持续时间为 0:00:05:08，与第一句歌词的持续时间保持一致。新建纯色层（选择菜单"图层"—"新建"—"纯色"），设置名称为"下雪背景"，分辨率与合成分辨率保持一致（默认），颜色为纯黑色，如图 4-9 所示。在时间轴上使用鼠标右键单击该纯色层，在弹出的快捷菜单中选择"效果"—"模拟"—"CC Snowfall"，为该层添加下雪特效，如图 4-10 所示。

093

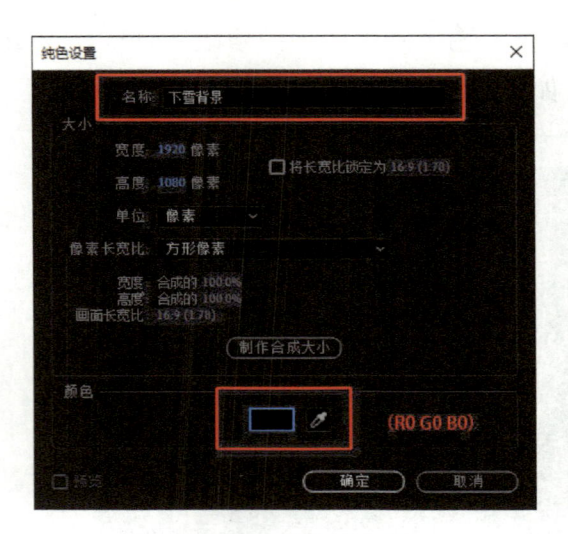

图 4-9 新建纯色层　　　　　　　　　图 4-10 给纯色层添加下雪特效

（7）在"效果控件"面板中，设置 Flakes 选项为 5000，修改雪片的数量；设置 Size 选项为 8，修改雪片大小；设置 Speed 选项为 100，修改雪片下降的速度；设置 Opacity 选项为 100，修改雪片的透明度，如图 4-11 所示。完成设置后观察下雪特效的效果。

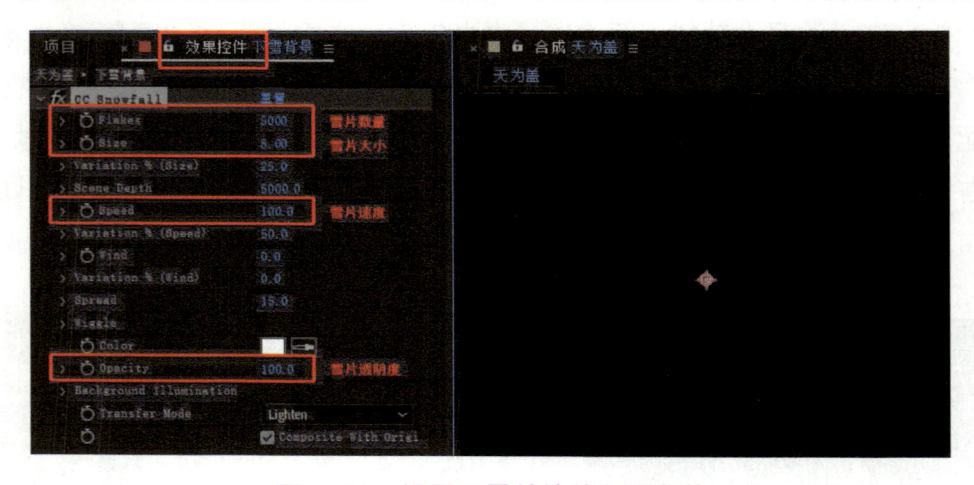

图 4-11 设置下雪特效的各项参数

（8）选择文字工具，输入文字"天为盖 挡尽我风霜"，设置字体为楷体、字号为 100 像素，填充白色无描边。在"对齐"面板中设置居中对齐，在"效果和预设"面板中搜索特效"打字机"，将其拖到文字图层上，给文字图层添加打字特效，完成第一句歌词的动态制作，如图 4-12 所示。

提示

"打字机"特效是最基本的动态文字特效，并不需要设置参数，但是其局限性也显而易见，即无法手动控制打字的速度。设置下雪特效的各项参数可以控制雪花大小、疏密度、颜色、模糊度、透明度等，可依据所需要的效果仔细调试。

图 4-12　给第一句歌词添加特效"打字机"

（9）使用同样的方法新建合成"地为舆"，持续时间为 0:00:05:07，把合成"天为盖"中的"下雪背景"图层复制到合成"地为舆"中作为背景，使用文字工具输入文字"地为舆 载我平八荒"，设置好字体、字号并居中对齐，在时间轴上单击文字图层的下拉箭头，找到"动画"项，打开"动画"项的菜单并选择"缩放"，如图 4-13 所示。把"缩放"参数设为 0，在 0:00:00:00 处设置起始项为 0%，在 0:00:04:10 处设置起始项为 100%，如图 4-14 所示。按空格键预览，可见文字实现了从小到大的依次缩放。至此，完成了第二句歌词的动态效果制作。

图 4-13　给文字图层添加缩放动画　　　　图 4-14　设置缩放动画参数

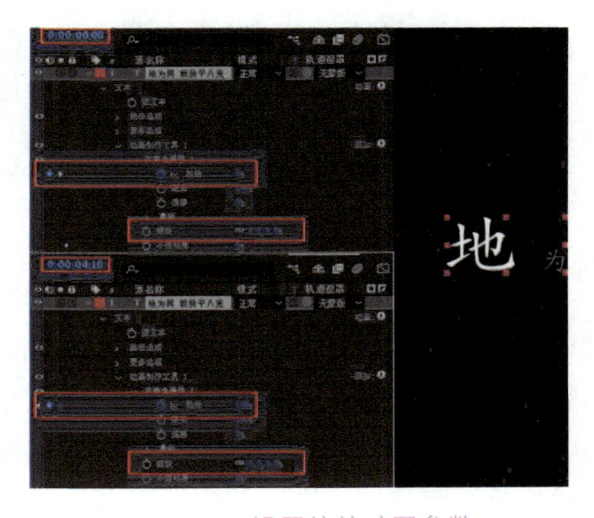

提示

在动画制作工具 1 中选择"添加"—"属性"—"不透明度"，设置"不透明度"参数为 0，文字即可实现依次渐显效果，详见源文件。

（10）使用同样的方法新建合成"祭长剑"，持续时间为 0:00:05:01，新建纯色图层"背景"，添加梯度渐变特效，设置起始颜色为蓝色（R23 G43 B84）、结束颜色为深蓝色（R7 G18 B40），如图 4-15 所示。

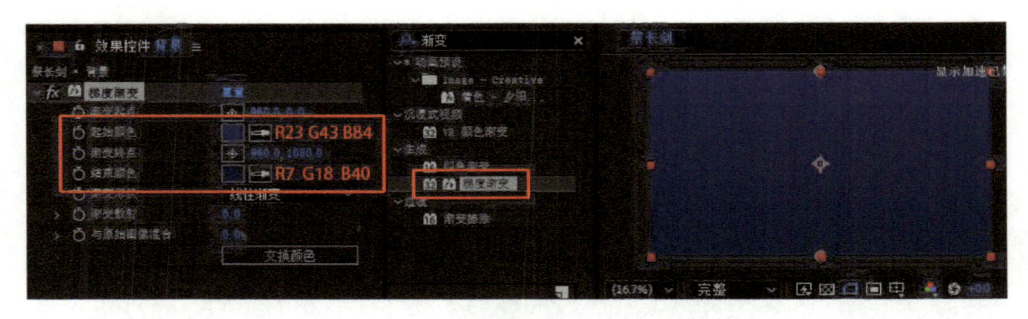

图 4-15 制作渐变"背景"图层

（11）给"背景"图层添加"CC Drizzle"（毛毛细雨）特效，在"效果控件"面板中设置参数 Drip Rate（水滴速度）为 6，参数 Longevity（持续时间）为 2，参数 Rippling（涟漪）为 1×270.0°，参数 Displacement（消散）为 40，参数 Spreading（扩散）为 80，模拟水滴涟漪的效果，如图 4-16 所示。

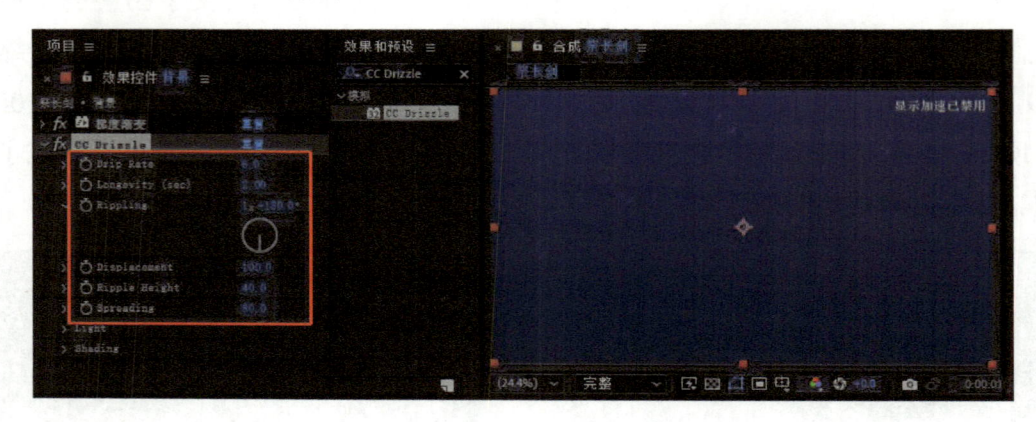

图 4-16 为模拟水滴涟漪效果设置参数

（12）新建黑色纯色图层"下雨"，添加"CC Particle World"（粒子世界）特效，该特效内容较多，主要分为图 4-17 所示的几类，具体参数设置详见源文件。给纯色图层"下雨"添加高斯模糊特效，设置模糊度为 4，在时间轴上单击纯色图层的 3D 开关，设置位置参数为（960,720,-90），缩放参数为（125,210,100），X 轴旋转参数为 59.0°，如图 4-18 所示，完成毛毛细雨落入平静的水面并荡起朵朵涟漪的效果制作。

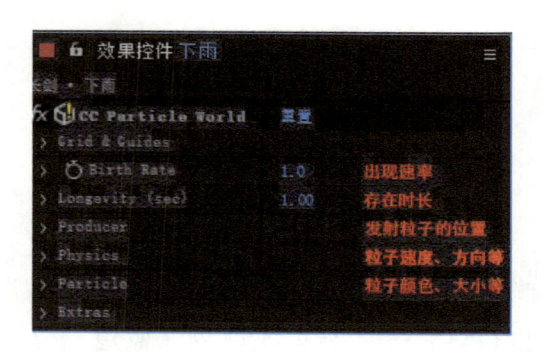

图 4-17 "CC Particle World"特效的分类 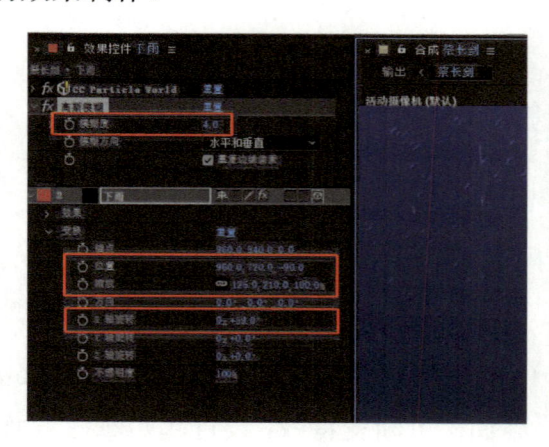　　图 4-18 为模拟细雨落入水面的效果设置参数

提示

在"效果和预设"面板中可以直接搜索特效,"CC Particle World"特效可以模拟包括星形、圆形、气泡形、三角形等在内的多种粒子,是很多粒子效果的基础特效。

---

(13)新建黑色纯色图层"祭长剑",添加路径文本特效,输入文字"祭长剑 凭谁来试锋芒",在"效果控件"面板中设置形状类型为"线"、仅填充白色、字符大小为100像素。在 0:00:00:00 处单击"可视字符"项前的闹钟按钮,设置参数为 0,如图 4-19 所示。在 0:00:04:10 处修改可视字符参数为 10,如图 4-20 所示。预览时可以看到文字从无到有的打字效果。

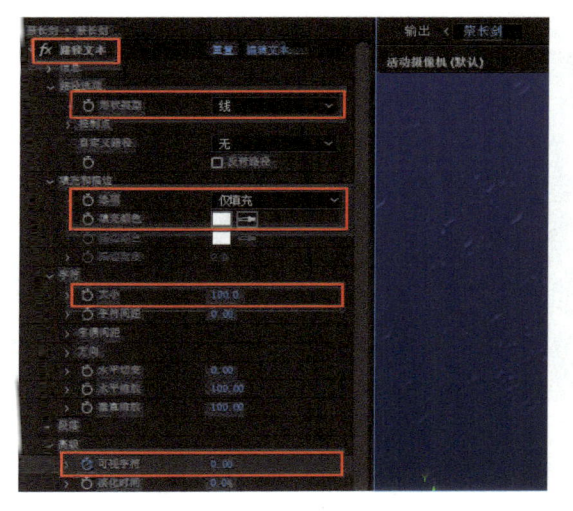

图 4-19 设置 0:00:00:00 处特效的各项参数 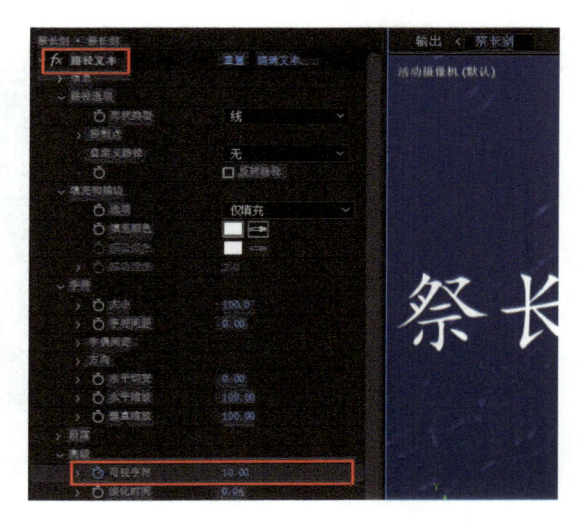　　图 4-20 设置 0:00:04:10 处特效的各项参数

提示

"可视字符"项的最大值根据字符个数来设置,本例中共有 10 个字符,设置的可视字符参数为 0~10。路径文本的打字效果与打字机的打字效果接近,并且能够实现打字效果基础上的各类高级特效,如基于贝塞尔曲线的自定义路径、字符抖动等,也可以手动控制打字速度和时间。

---

(14)在 0:00:03:00 处单击"基线抖动最大值"项前的闹钟按钮,设置参数为 100,如图 4-21 所示。在 0:00:04:10 处修改基线抖动最大值为 0,如图 4-22 所示。预览时可以看到文字实现上下抖动的效果,并最终停止抖动。完成了第三句歌词的动态效果制作。

(15)使用同样的方法新建合成"正少年",持续时间为 0:00:05:10,把合成"祭长剑"中的"下雨"图层和"背景"图层复制到合成"正少年"中并作为背景。使用文字工具输入文字"正少年 热血从未敢凉",设置好字体、字号并居中对齐。选择"效果"面板中的"动画预设"—"Text"—"Miscellaneous"—"爆炸",给文字图层添加爆炸特效。在时间轴上使用鼠标右键单击文字图层，在弹出的快捷菜单中选择"时间"—"时间反向图层"，如图 4-23 所示。预览时文字实现倒放效果，完成了第四句歌词的动态效果制作。

图 4-21 设置 0:00:03:00 处抖动设置项的参数

图 4-22 设置 0:00:04:10 处抖动设置项的参数

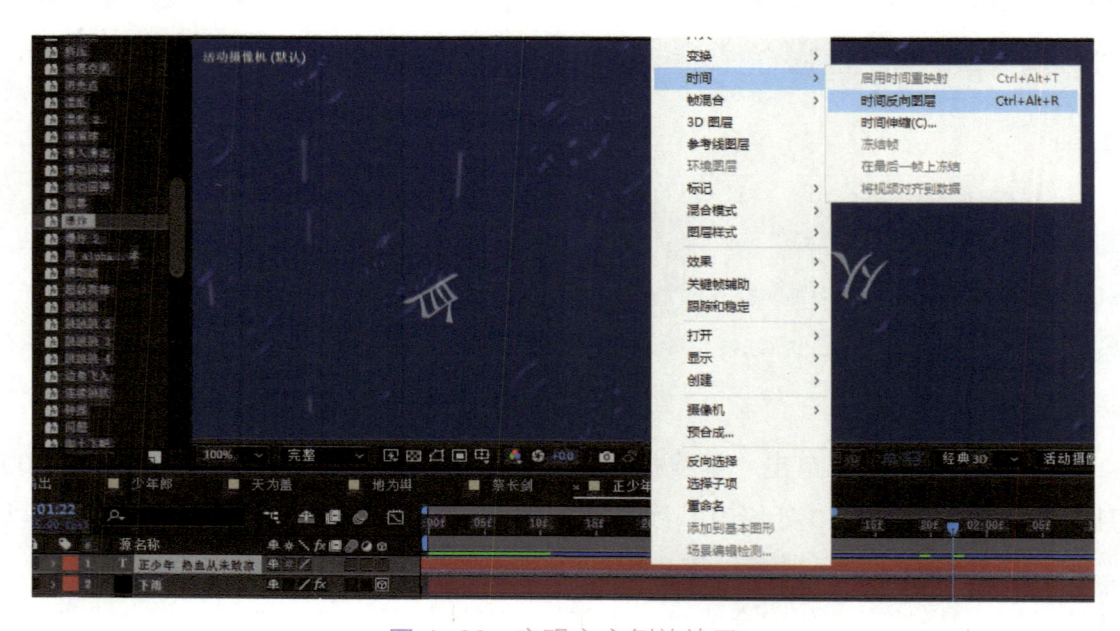

图 4-23 实现文字倒放效果

（16）使用同样的方法新建合成"天为火"，持续时间为 0:00:05:08，新建黑色纯色图层"粒子背景"，给纯色图层添加"CC Particle World"特效，各项参数设置如图 4-24 所示，模拟金光闪烁的效果。

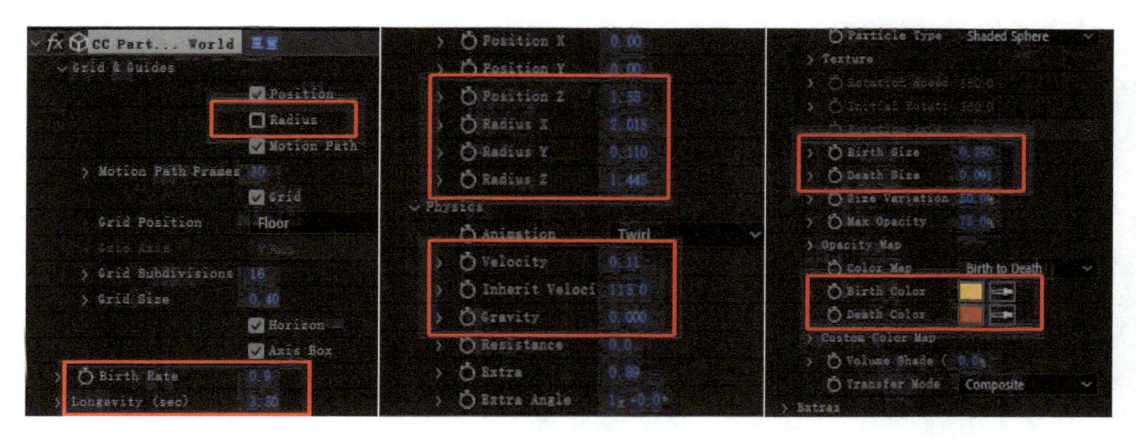

图 4-24　模拟金光闪烁效果的参数设置

（17）新建黑色纯色图层"聚光灯"，给纯色图层添加两次"CC Light Rays"（光线放射）特效，设置参数 Center（中心点）分别为（245,550）和（1550,400），参数 Radius（半径）为 20，参数 Warp Softness（扭曲柔和度）为 20，如图 4-25 所示，模拟聚光灯照射的效果。

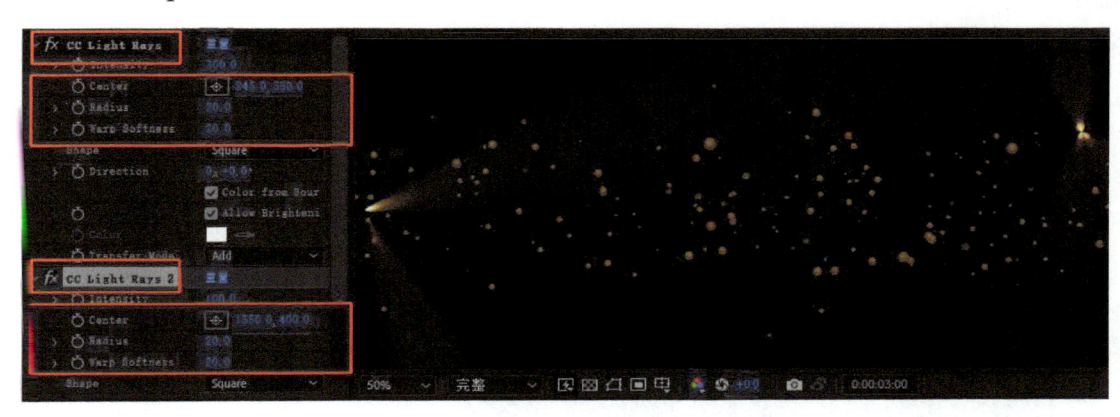

图 4-25　模拟聚光灯照射效果的参数设置

（18）新建文字图层"天为火"，设置字体为楷体，字号为 300 像素，设置白色填充和白色描边，描边为 15 像素，对齐方式为水平居中和垂直居中，如图 4-26 所示。

图 4-26　新建文字图层并设置文字属性

（19）新建黑色纯色图层"描边"，隐藏该图层，之后在该图层上使用钢笔工具仔细地给文字轮廓勾边，并调整节点使其贴合笔画，如图4-27所示。

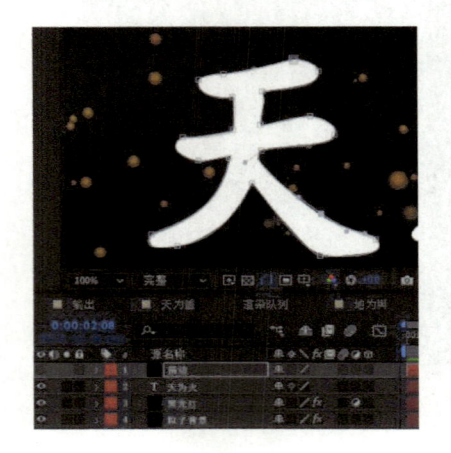

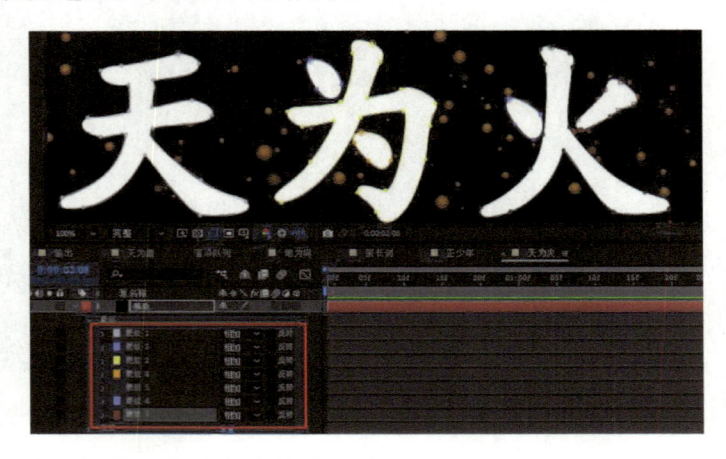

图4-27 使用钢笔工具给文字轮廓勾边

（20）给纯色图层"描边"添加动态描边特效，参数设置如图4-28所示。在0:00:00:00处设置起始参数为0%，在0:00:03:00处修改起始参数为100%，预览可见文字实现依次描边效果。

图4-28 给文字添加动态描边特效的参数设置

提示

After Effects支持很多插件，其中3D Stroke插件相比After Effects自带的描边特效而言丰富很多，可实现多重描边、笔刷形状描边等，有助于快速高效地制作作品。推荐安装Particular、Trapcode粒子插件，包括Optical Flares光效插件、E3D三维插件等。在后期学习的After Effects模板套用中，很多模板也需要基于插件才能正常使用，提前安装好常用插件会给学习和工作带来很大便利。

（21）给纯色图层"描边"添加发光特效，各项参数设置如图4-29所示，设置发光的强度、半径、颜色等，具体详见源文件。

图 4-29　给文字添加发光特效的参数设置

（22）新建文字图层"燃烧我胸腔"，设置字体为楷体，字号为 80 像素，字间距为 500 像素，与上段文字排列整齐，添加"不透明度"特效，设置不透明度参数为 0%。在 0:00:02:15 处设置起始不透明度参数为 0%，在 0:00:04:10 处修改不透明度参数为 100%。预览影片，完成第五句歌词的动态效果制作，如图 4-30 所示。

图 4-30　完成第五句歌词的动态效果制作

（23）使用同样的方法新建合成"地为铜"，持续时间为 0:00:05:12，把合成"天为火"中的"粒子背景"图层和"聚光灯"图层复制到合成"地为铜"中并作为背景。新建文字图层"地为铜　铸成我模样"，设置文字的字体为黑体，字号为 100 像素，字间距为 0 像素，只描边且描边色为白色，描边宽度为 2 像素，居中排列，如图 4-31 所示。

图 4-31　设置文字图层的各项参数

（24）复制文字图层，修改图层名称为"遮罩层"，新建纯色图层"辉光"，颜色为橙色（R255 G160 B0），使用矩形工具在纯色图层"辉光"上绘制矩形，使其处于下方文字图层的起始位置，如图 4-32 所示。

数字影音编辑与合成

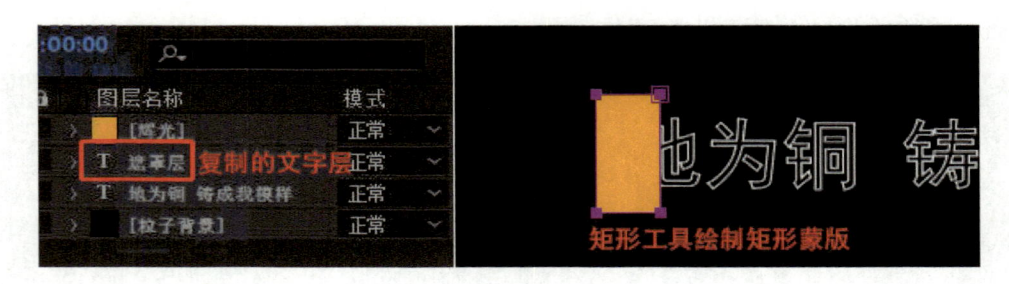

图4-32 设置"辉光"图层的形状和位置

（25）在时间轴中单击"辉光"图层的下拉按钮，在"蒙版"项中设置蒙版羽化值为40，在"变换"项中设置旋转参数为15°，在0:00:00:00处设置位置关键帧为（900,640），在0:00:04:00处修改位置参数为（1850,640），实现"辉光"从文字左边移动到右边的效果，如图4-33所示。

图4-33 设置"辉光"图层的形状和运动效果

（26）把"辉光"图层拖动到"遮罩"图层的下方，打开轨道遮罩列，设置"辉光"图层的轨道遮罩项为文字图层"遮罩层"，可以实现文字扫光效果，完成第六句歌词的动态效果制作，如图4-34所示。

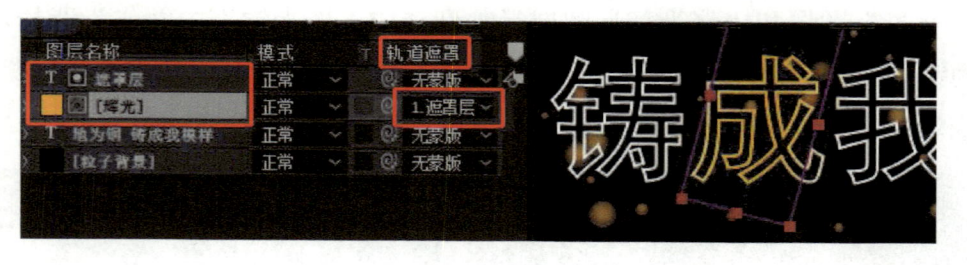

图4-34 设置"辉光"层的轨道遮罩效果

提示

在时间轴的名称层单击鼠标右键，在弹出的快捷菜单中选择"列数"—"模式"，可以打开轨道遮罩列，也可以在时间轴底部单击"切换开关/模式"按钮，打开轨道遮罩列。

轨道遮罩的原理是用上面图层的形状透出下面图层的画面，这就是本例要把"辉光"图层放置在文字图层下方的原因，透过文字的轮廓显露出纯色图层的颜色。

（27）以合成形式导入素材"千里江山图.psd"，打开所有图层的3D开关，分别设置所有图层的参数，添加焦距为50mm的摄像机图层并放在最上方，如图4-35所示。在0:00:00:00处设置位置参数为（960,540,-800），在0:00:04:00处设置位置参数为（960,540,-1400），模拟重峦叠嶂的纵深效果。

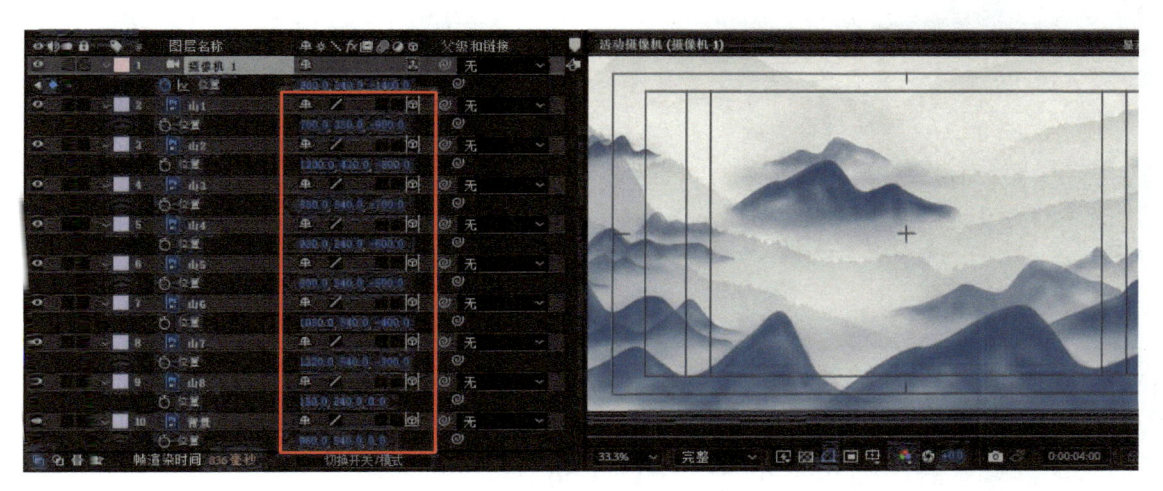

图4-35 设置"千里江山图"的图层

（28）使用同样的方法新建合成"挥长剑"，持续时间为0:00:05:02，把合成"千里江山图"拖入并作为背景。在0:00:02:00处新建文字图层，输入竖排文字"挥长剑"，设置字体为楷体，字号为200像素，填充色和描边色均为白色，描边粗细为5像素，如图4-36所示。在0:00:03:00处新建文字图层，输入竖排文字"慷慨然赴国殇"，设置字体为楷体，字号为100像素，字间距为100像素，填充色和描边色均为白色，描边粗细为3像素。

图4-36 制作竖排文字

（29）给文字图层"挥长剑"设置模糊动画，在0:00:02:00处设置模糊参数为100%，在0:00:03:00处设置模糊参数为0%，并添加"投影"特效，设置距离为3，柔和度为50，如图4-37所示。给文字图层"慷慨然赴国殇"添加相同的"投影"特效，并添加"线性擦除"特效，设置擦除角度为0°，羽化值为100，如图4-38所示。在0:00:03:00处设置擦除完成的值为100%，在0:00:04:00处将擦除完成的值修改为0%，完成第七句歌词的动态效果制作。

103

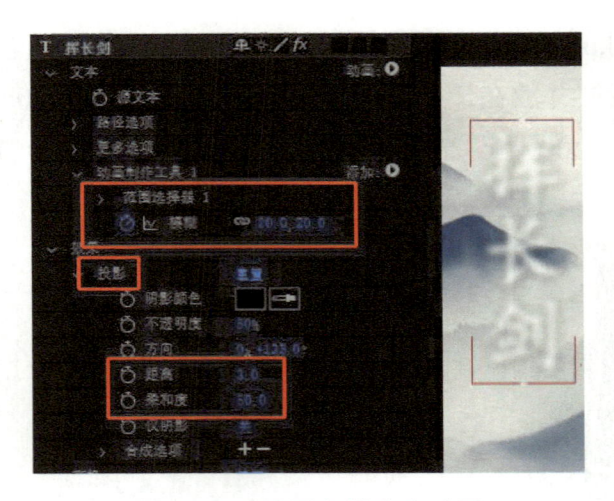

图 4-37 设置竖排文字动画

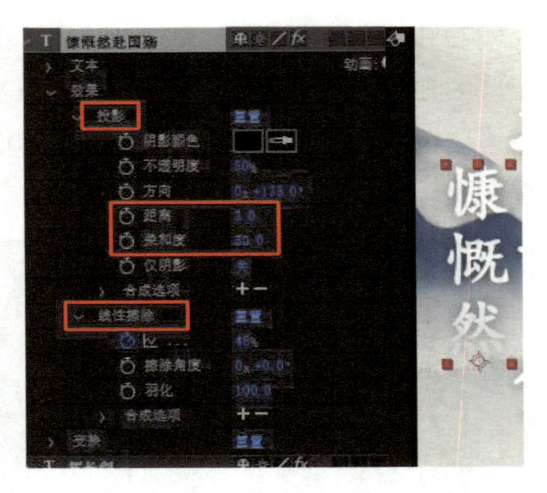

图 4-38 设置文字图层的特效参数

（30）使用同样的方法新建合成"如是哉"，持续时间为 0:00:05:21，把合成"千里江山图"拖入并作为背景，用鼠标右键单击图层，在弹出的快捷菜单中选择"时间"—"时间伸缩"，修改新持续时间为 0:00:05:21，如图 4-39 所示。以合成形式导入素材"少年郎.psd"，并设置合成时间为 0:00:05:21，打开合成"少年郎"，可见所有文字的笔画都已经按顺序分层排列在时间轴上，如图 4-40 所示。

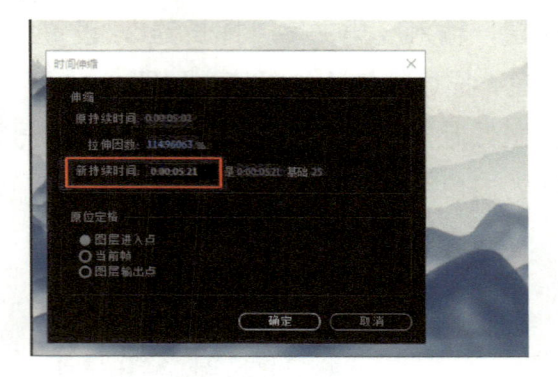

图 4-39 修改合成的持续时间

图 4-40 以合成形式导入图片素材

> **提示**
>
> 导入 PSD 格式的图片有多种形式，本例的素材为在 Photoshop 中写好的文字，把文字的每个笔画单独剪切出来，可能有需要修补的部分，以所有笔画都完整顺畅为准。

（31）使用钢笔工具在图层"少1"上绘制蒙版，大小以能完全盖过第一个笔画为准，设置蒙版羽化值为"20.0，20.0 像素"，打开蒙版路径前的关键帧触发按钮，在 0:00:00:00 处把蒙版移动到笔画上方，在 0:00:00:07 处把蒙版移动到让笔画显示完全，实现第一笔"竖"手写出现的效果，如图 4-41 所示。

图 4-41　给笔画添加蒙版来模拟手写效果

（32）用相同的方法给所有图层添加蒙版，每个笔画的蒙版动画时间均为 7 帧，完成所有笔画依次手写出现的效果，如图 4-42 所示。

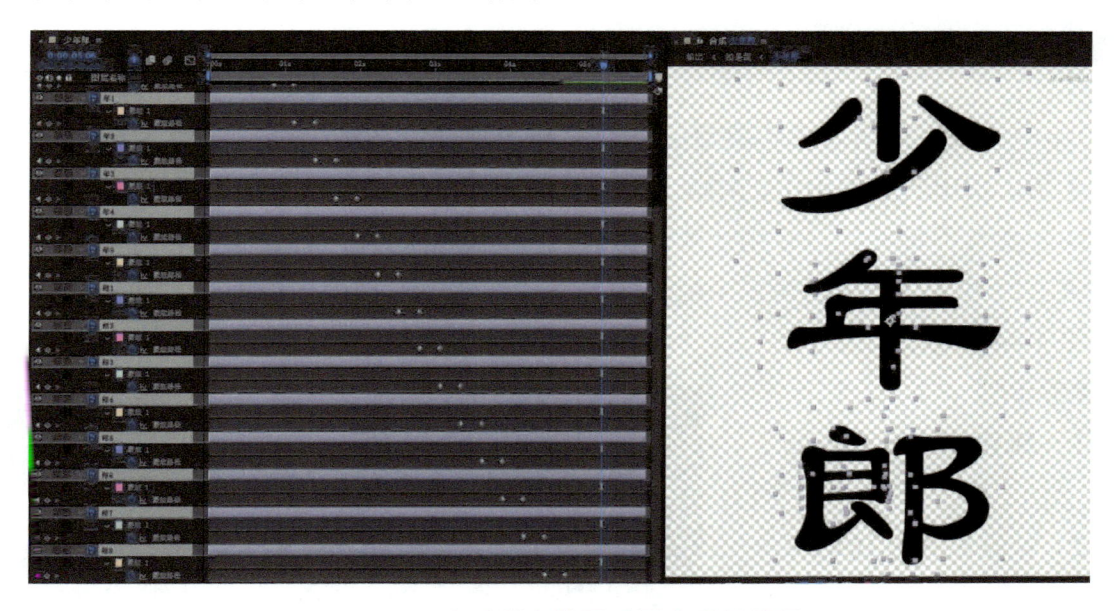

图 4-42　完成所有笔画手写出现的效果

（33）回到合成"输出"，依次把所有的歌词合成拖入并按顺序排列，仔细检查与音频的歌词是否匹配，必要的时候调整视频速率，确认无误后输出为 MP4 格式的影片，完成本例的制作，如图 4-43 所示。

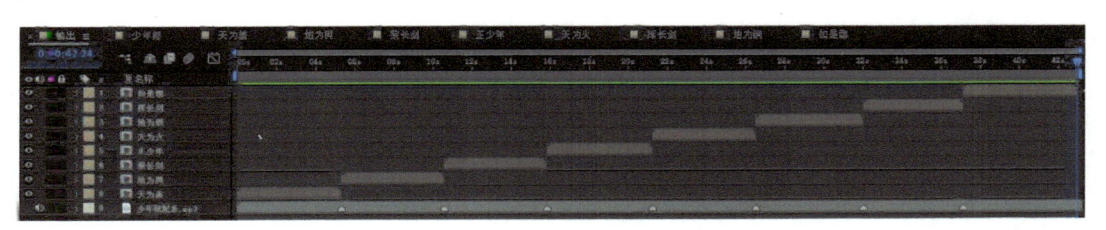

图 4-43　合成"输出"的完成界面

数字影音编辑与合成

总结与回顾

通过一个完整的歌曲配词案例，本任务介绍了8种最常见的制作After Effects动态字幕的方法，并拓展讲解了图层映射、时间反向图层、摄像机图层、3D图层和视频输出格式设置等常用知识点。因为After Effects软件内容庞大，所包含的知识点非常多，故本节着重讲解学生在学习和未来工作中常用的部分，完成本任务的学习可以为下一节After Effects模板的套用和修改打下坚实的基础。

课后习题

《少年中国说》是清朝末年梁启超（1873—1929年）所作的散文。此文极力歌颂少年的朝气蓬勃，指出封建统治下的中国是"老大帝国"，热切希望出现"少年中国"，振奋人民的精神。文章不拘格式，多用比喻，具有强烈的进取精神，寄托了作者对少年中国的热爱和期望。请用《少年中国说》中提供的素材，制作一部《少年中国说》动态配词。参考效果如图4-44所示。

参考步骤

（1）新建After Effects项目。

（2）依据歌词制作动态文字特效。

（3）输出为MP4格式的影片。

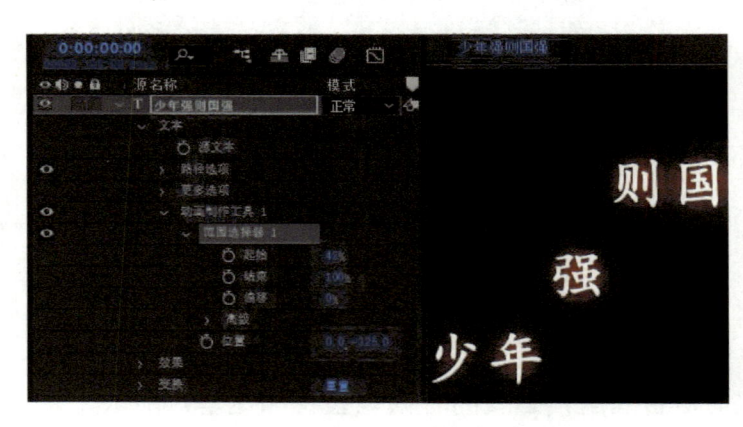

图4-44 课后习题参考效果

4.2 颁奖典礼暖场片

恰同学少年，风华正茂；书生意气，挥斥方遒。

——毛泽东

同学们正值青春年少，风采动人；大家踌躇满志，意气风发，劲头正足，尽情挥洒着青春的激情和力量。《沁园春·长沙》不仅脍炙人口，而且激发了几代青年人的豪情壮志。吾辈少年，当以理想为帆，不惧远航；当以创新为刃，划破茧壳。在时序轮替中，始终不变的是少年的身姿；在历史坐标上，始终清晰的是少年的步伐。我们这一代人，身逢盛世，重任在身，于人生定向之时，当立鸿鹄之志，在实现中华民族伟大复兴的接力跑道上跑出我们的精彩！

知识概述

（1）下载常用视频模板。
（2）套用 After Effects 模板制作片头。
（3）根据需要修改 After Effects 模板中的部分元素。
（4）根据需要在 After Effects 模板中新增部分元素。
（5）综合运用 After Effects 和 Premiere 软件完成暖场片的制作。

任务描述

金陵小树莓视觉传播工作室（以下简称工作室）是数字媒体技术专业的创业实践载体，为数字媒体技术专业学生提供在校创业的机会。工作室依据新媒体行业所需的岗位类别和数字媒体技术专业学生的培养方向，共分为 4 个部门：摄影制作部、影视制作部、平面设计部、宣传推广部。工作室即将迎来第一届颁奖典礼，表彰考核优秀的学生，颁发包括最佳摄影奖在内的各种单项奖，因此需要一部综合反映这一年工作室成果的介绍片暨暖场片。

创意构思

颁奖典礼暖场片的作用是烘托典礼气氛，激发观众热情，引导观众进入情境，进而实现预设的舞台效果。本片素材量很大，选择用 3 组 After Effects 模板串联，先进行摄影制作部的成果介绍，再进行影视制作部的成果介绍，最后进行平面设计部的成果介绍。适当修改模板元素，在充分表达作品内容的前提下，呈现精美的视觉盛宴。

任务实施

（1）我们先学习下载视频模板的方法。可下载视频模板的网站有多个，常用的有 NEWCGER 网站、千图网、包图网等。有些网站可以免费任意下载模板，有些网站每天可免费下载一个模板，若下载多个模板，则需要购买会员。这里我们以提供免费模板下载的 NEWCGER 网站为例，打开网站可见各种风格的视频模板，如图 4-45 所示。在搜索框中输入"照片墙"，就会出现很多用于呈现多幅照片的视频模板，大部分基于 After Effects 软件，少部分基于 Premiere 软件，找到与主题贴切的视频模板下载即可，如图 4-46 所示。

图 4-45 打开 NEWCGER 网站 　　　　　　图 4-46 搜索"照片墙"类模板

提示

在下载视频模板时要注意模板的版本，可在下载界面的说明里查询。高版本软件可以打开低版本模板。如果下载的视频模板版本高于自己的软件版本，视频模板就无法使用，需要通过升级自己的软件版本或重新下载低版本视频模板来解决。在下载的视频模板中有很多加载了特殊字体、额外插件等。第一次打开视频模板时会出现字体丢失、效果丢失的提示，如图 4-47 所示。这时可根据实际情况调整视频模板，如安装视频模板需要的字体、修改文字字体、下载插件或适当修改特效等。

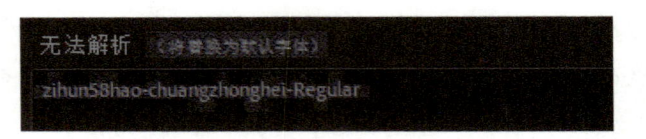

图 4-47 字体丢失提示

（2）本例为读者准备了 4 个 After Effects 模板，其中"大气简洁高端科技商务图文照片展示"模板用来制作暖场片的第一单元摄影制作部作品展示，如图 4-48 所示。首先解压模板，打开源文件，然后观察素材分布和界面，在"项目"窗口中可见，一般用于替换的照片和文字都会以文件夹的形式被鲜明地标识出来，所有需要替换的内容基本上都在里面，如图 4-49 所示。

图 4-48 本例使用的 4 个模板 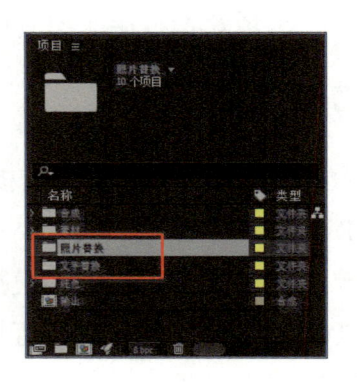　　　　　　图 4-49 找到替换照片和文字的位置

(3)把文件夹"摄影部"以文件夹形式整体导入模板,在"项目"窗口中打开文件夹"项目替换",打开其中的合成"照片替换",把素材图片"形象照"拖入时间轴,放置在模板图片上方,修改缩放参数为192%,让照片满屏显示,这样就完成了第一张照片素材的替换,如图4-50所示。

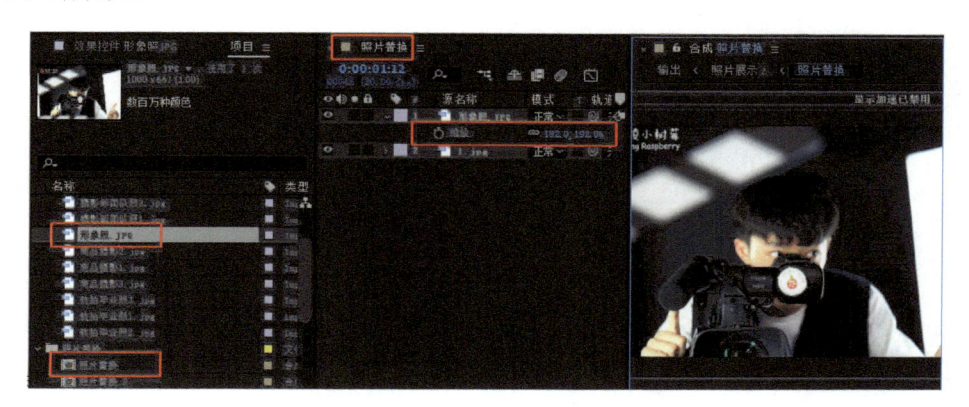

图4-50 替换第一张照片素材

(4)在"项目"窗口中打开文件夹"文字替换",打开其中的合成"文字替换",修改其中的3行文字,如图4-51所示。可依据字符数量适当调整文字图层所在的位置,使其美观即可,注意英文字符首字母大写,详见源文件。

图4-51 修改文字

(5)用同样的方法替换所有的照片素材和文字,照片素材对应的合成及文字如表4-1所示。调整所有图片为满屏显示,中文字体为黑体,英文字体为Arial,打开合成"输出",可以看到模板已经被替换为我们需要的样子,输出为MP4格式的视频文件,输出名称为"摄影制作部作品",完成第一单元摄影制作部作品展示,详见源文件。

表4-1 照片素材对应的合成及文字

照片素材	对应合成	对应文字
形象照	照片替换	职业形象宣传照 内景人像写真 内景人像精修
航拍毕业照1	照片替换2	航拍创意毕业照 无人机航拍 写真团队毕业照
商品摄影2	照片替换3	食品类商业摄影 西点专业摄影 甜品店线上平台投放
商品摄影1	照片替换4	食品类商业摄影 西点专业摄影 甜品店线上平台投放
商品摄影3	照片替换5	小商品商业摄影 化妆品专业摄影 天猫店线上平台投放
航拍毕业照2	照片替换6	航拍创意毕业照 无人机航拍 写真团队毕业照
航拍毕业照3	照片替换7	航拍创意毕业照 无人机航拍 写真团队毕业照
摄影制作部团队照1	照片替换8	4只熊猫摄影团队 摄影制作部第一组 擅长外景人像拍摄
摄影制作部团队照2	照片替换9	宇文摄影团队 摄影制作部第二组 擅长棚内证件照
摄影制作部团队照3	照片替换10	时艺摄影团队 摄影制作部第三组 擅长实景人像和职业照

提示

本例分类列举摄影制作部本学年完成项目的典型代表，在展示优秀作品的同时辅以文字说明，以摄影制作部形象照开场，以摄影制作部团队照结尾，在向观众呈现有冲击力的视觉体验的同时，提升摄影制作部学生的自信心和责任感。

在套用模板时，要清楚模板所使用素材的分辨率，有些高清模板需要的图片分辨率也很高，如果要替换的素材分辨率不高，就会出现图片模糊等情况。

（6）为了更好地展示摄影制作部学生本学年的实践成果，使暖场片更具视觉冲击力，我们使用数字字幕来呈现照片总数。打开"滚动数字字幕"模板，发现时间轴中所有图层都被设置为不可见，但是合成窗口却可见，这是为了使用者操作方便，着力提升界面亲和力，把一些一般不需要改动的图层设置为"消隐"，并在时间轴里隐藏了。我们只要打开隐藏开关，就可以看到所有图层，如图4-52所示。

图4-52 打开所有被隐藏的图层

（7）摄影制作部学生本学年共拍摄照片2769张，打开合成"NUMBERS"，可以看到模板设定的数字位数有10位，本例只需要4位数字，保留居中的4位数字即可。在时间轴中只保留图层1、图层2，以及图层19～图层40，把其他图层都关闭，如图4-53所示。

图4-53 在合成"NUMBERS"中保留4位数字

（8）观察时间轴，个位数字 3 对应合成"NUMBERS.04T"，打开该合成，找到修改数字的合成"NUMBERS4"，在时间轴找到合成"3"，该合成对应个位数字 3，如图 4-54 所示。打开该合成，把数字 3 修改为 9，也就是摄影制作部学生共拍摄照片数量的个位数字，以确保随机数最终停止时的个位数字为 9，如图 4-55 所示。

图 4-54　找到个位数字 3 对应的合成

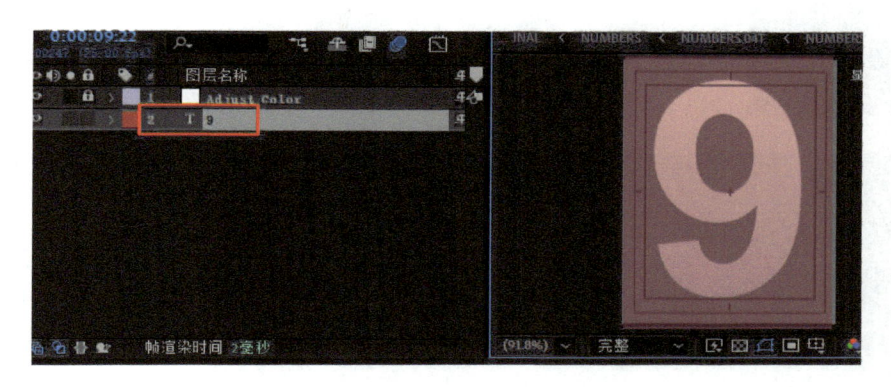

图 4-55　修改个位数字为 9

（9）用相同的方法修改其他数字，十位数 6 在合成"4"中修改，百位数 7 在合成"5"中修改，千位数 2 在合成"6"中修改。回到合成"COUNTER_FINAL"中，因为数字要加在其他视频上，需要以透明通道输出文件，所以在"输出模块设置"中选择格式为"PNG 序列"，通道选择"RGB+Alpha"，如图 4-56 所示。在设置输出位置时勾选"保存在子文件夹中"，子文件夹名为"NUMBERS"，完成滚动数字的制作。

图 4-56　将滚动数字以透明通道输出

（10）下面制作影视制作部学生的作品。打开"高端大气房产片头片尾宣传片 AE 视频模板"模板，在合成"01"里关闭合成"bj"的可视状态；把素材"年终总结片"拖入合成"云层1"的时间轴第一层，修改位置参数为（530,540）、缩放参数为100%；合成"云层2"到"云层5"里的图片也都用素材"年终总结片"替换，适当调整位置和缩放参数；在合成"文字修改 01"中修改中文字符为"手绘版总结汇报片"，在"效果控件"面板中修改特效"发光"的颜色 A 为黄色（R255 G200 B0）、颜色 B 为橙色（R255 G50 B0），其他参数保持不变；把模板的"白色发光"修改为"金色发光"，完成对合成"01"的修改，如图 4-57 所示。

在合成"01"里关闭合成"bj"的可视状态

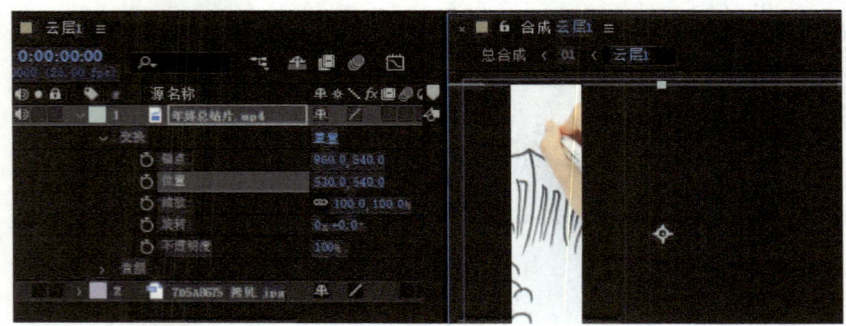

用素材"年终总结片"替换合成"云层 2"到"云层 5"里的图片并设置参数

修改文字和部分特效的参数

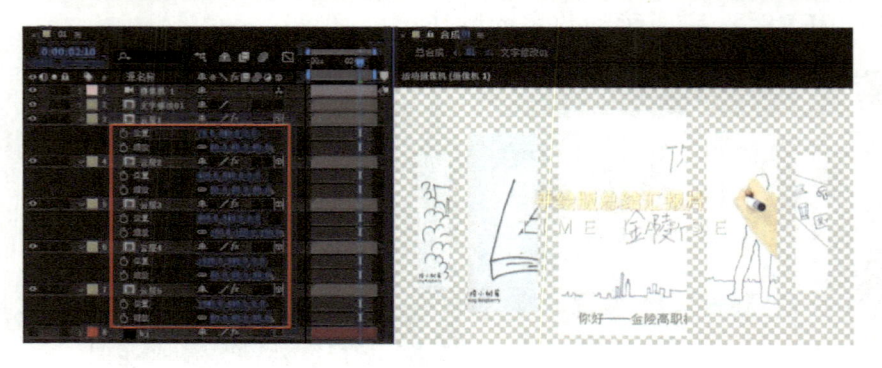

完成合成"01"的素材替换和参数设置

图 4-57　合成"01"中的各项参数设置

> **提示**
>
> 影视制作部作品展示部分所使用的模板的自带深色背景和已经完成的摄影制作部作品展示部分所使用的模板的颜色不够协调，因此我们弃用本模板的背景，统一使用前一个模板的背景，后面的操作类似。

（11）在合成"02"中关闭合成"bj"的可视状态；修改图层"黑色 纯色 1"的特效"梯度渐变"，将起始颜色参数设置为极浅灰（R223 G223 B223），将结束颜色参数设置为浅灰（R161 G161 B161），把原本模板中较为生硬的深色过渡改为与背景较为协调的灰色过渡，如图4-58所示。

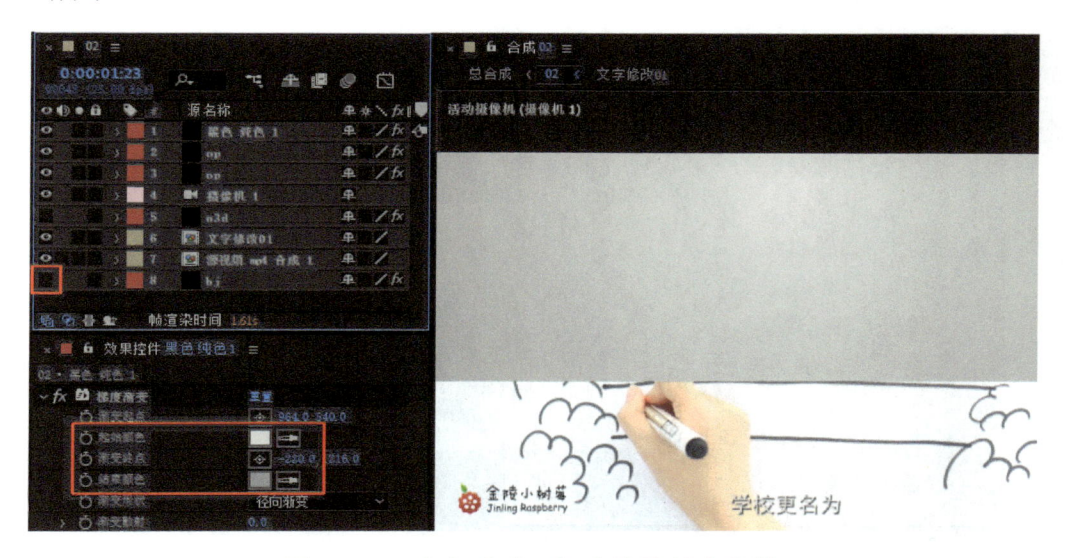

图4-58 在合成"02"中修改部分参数

（12）在合成"地球"中用素材"教程片"替换模板图片；在合成"c3元素"中关闭合成"bj"的可视状态；在合成"c3动画"中关闭图层"形状图层1"的可视状态，如图4-59所示。

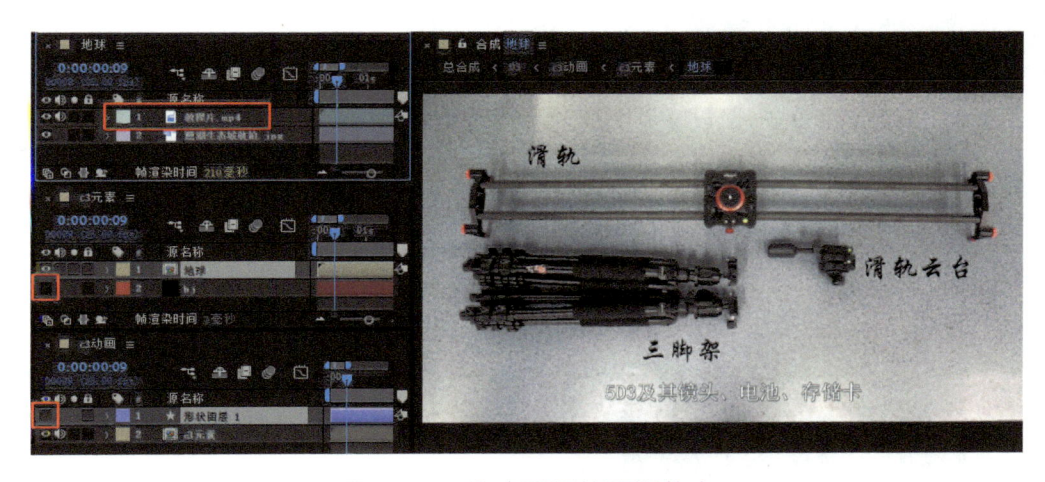

图4-59 修改图层的可视状态

数字影音编辑与合成

> **提示**
>
> 合成 "c3 动画" 中的图层 "形状图层 1" 所起的作用是给视频增加黑色边框，但因为已经修改了原模板的背景，黑色边框反倒显得突兀了，所以直接删除边框。后面的操作类似，在修改模板的过程中经常需要根据实际情况删除或增加内容，以保证模板最终呈现出协调和美观的效果。

（13）在合成 "03" 的 "文字修改 02" 图层中修改中文字符为 "设备使用教程"，字体为黑体；修改英文字符为 "Device usage tutorial"，字体为 Arial；关闭从合成 "c3 动画" 到合成 "c10 动画" 中图层 "形状图层 1" 的可视状态，如图 4-60 所示。

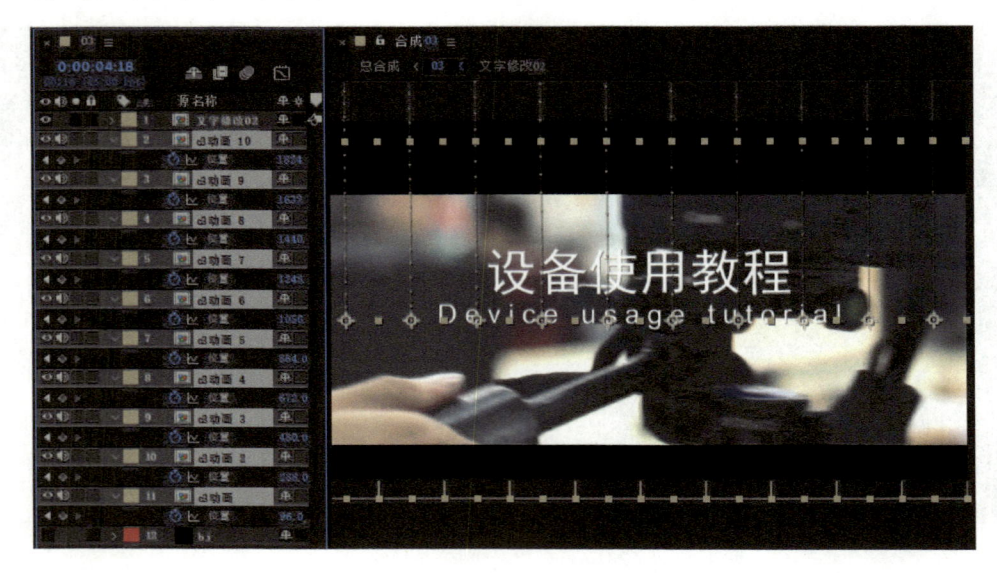

图 4-60　在合成 "03" 中修改部分参数

（14）在合成 "04" 中拖入素材 "短视频" 到模板图片上方，设置比例参数为等比例 75%，位置参数为（960,540）；在 "文字修改 03" 图层中修改中文字符为 "潮流短视频"，字体为黑体，修改英文字符为 "SHORT VIDEO"，字体为 Arial；关闭所有 "bj" 图层的可视状态，如图 4-61 所示。

图 4-61　在合成 "04" 中修改部分参数

> **提示**
>
> 视频素材可适当剪辑，以提高画面的丰富感和冲击力。

（15）在合成"05"的"照片修改02"图层中，用素材"微电影"替换模板图片；在"文字修改04"图层中修改中文字符为"高质量微电影"，字体为黑体，英文字符为"CREATE PERFECT VIDEO"，字体为Arial；关闭"bj"图层的可视状态，如图4-62所示。

图 4-62　在合成"05"中修改部分参数

（16）在合成"总合成"中，把素材"背景"拖入并放置在底层，取消所有素材的音频，如图4-63所示。输出文件为MP4格式并备用，文件名保存为"影视制作部作品"。

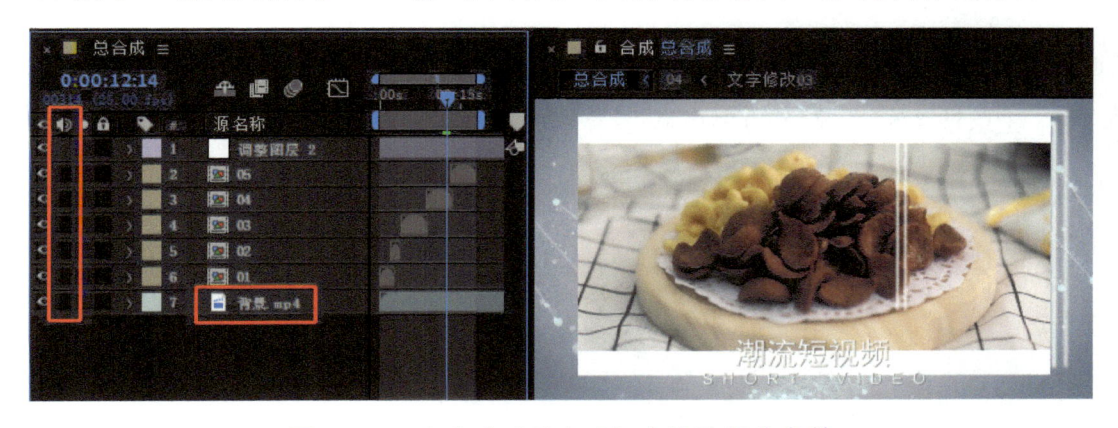

图 4-63　在合成"总合成"中修改部分参数

> **提示**
>
> 素材"背景.mp4"是从模板"大气简洁高端科技商务图文照片展示"中提取出来并输出为视频文件的，以保证暖场片背景一致。

（17）下面制作平面设计部学生的作品。打开"企业蓝色多图片展示照片墙项目介绍包装"模板，在"项目"窗口中搜索"照片替换"，可以看到模板需要替换8张照片，按

115

照表 4-2 所示依次替换，注意适当修改图片的位置和缩放参数，如图 4-64 所示。

表 4-2　替换素材

合成名称	替换素材	合成名称	替换素材
照片替换 01	软件技术专业正面	照片替换 05	报价单
照片替换 02	软件技术专业反面	照片替换 06	创新
照片替换 03	邀请函 1	照片替换 07	坚持
照片替换 04	邀请函 2	照片替换 08	厚德

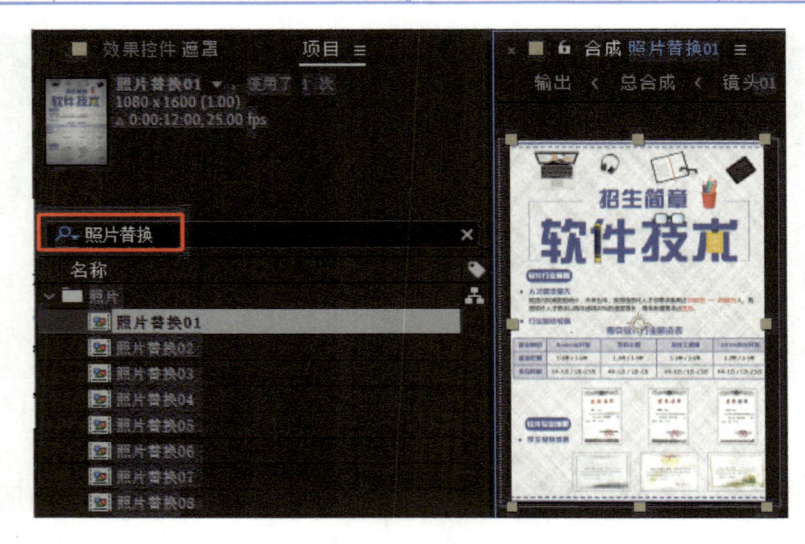

图 4-64　平面设计部作品模板中替换的素材

（18）在"项目"窗口中搜索"文字"，模板中共需要修改 7 段文字，按照表 4-3 所示依次替换，注意适当修改文字的字体和字号，如图 4-65 所示，详见源文件。

表 4-3　替换文字

合成名称	替换文字
文字 01	中文：招生宣传单页海报印刷品
文字 02	中文：企业项目整体 VI 设计
文字 03	中文：各类宣传印刷品设计
文字 04	中文：金陵小树莓工作室平面设计部
文字 05	中文：承接项目覆盖六大领域
文字 06	中文：电子报 宣传单 折页 画册
文字 07	中文：海报 整体 VI 设计 三维建模
文字 01～文字 07	英文：Exhibition of Excellent Works by the Graphic Department

图 4-65　平面设计部作品中替换的文字

（19）把模板自带的素材"背景300"拖入合成"遮罩"的底层，改善原模板遮罩以黑色过渡的情况，如图4-66所示。

图4-66　在合成"遮罩"中修改图层顺序

（20）在"项目"窗口中搜索"照片"，把合成"照片01"～合成"照片08"里所有的合成"项目文字"都隐藏，如图4-67所示。在合成"输出"中输出文件为MP4格式并备用，文件保存为"平面设计部作品"，完成平面设计部作品展示视频。

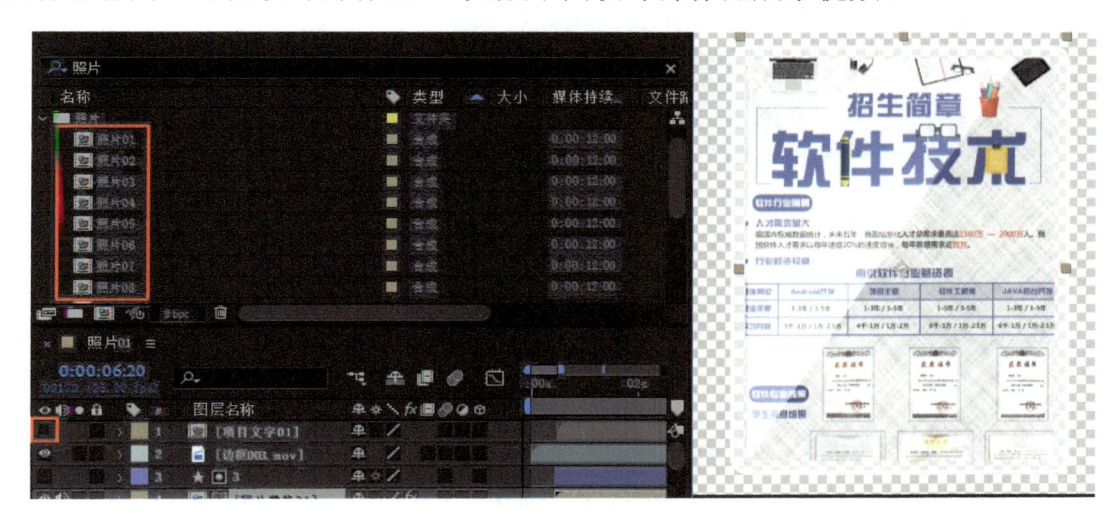

图4-67　隐藏所有的合成"项目文字"

（21）新建Premiere文件"4.2颁奖典礼暖场片"，导入素材文件夹"Premiere文件使用素材"，其中文件夹"NUMBERS"中的素材要选择第一张图片，然后勾选"以图片序列形式导入"，此外单独导入图片序列的最后一张"NUMBERS_00250"作为素材；拖入素材"摄影制作部作品""影视制作部作品""平面设计部作品""报告厅背景板"，并在V2视频轨道依次无缝衔接，拖入4次素材"背景"到V1视频轨道并无缝衔接，长度和V2视频轨道的长度保持一致；拖入素材"背景音乐"到A1音频轨道，长度与视频轨道等长，添加适当的"交叉溶解""黑场过渡"特效；在00:00:28:12处拖入素材"NUMBERS"，在00:00:31:14处拖入素材"NUMBERS_00250"，持续到00:00:33:13处，与摄影制作部作品同时消失，再输入必要的说明文字，完成颁奖典礼暖场片制作，输出MP4格式的视频短片，如图4-68所示。

117

图 4-68 完成颁奖典礼暖场片制作

总结与回顾

视频模板的套用和修改是影视后期行业从业人员必备的基本技能，也是影视行业的常规工作内容，除要熟练掌握下载模板、替换素材、修改文字等外，还要根据实际需要修改模板、增减特效。After Effects 模板的设计和开发也是需求量很大的市场，这就对软件的运用、审美、色彩搭配、节奏把控等的综合能力提出了更高的要求。

课后习题

用《知识产权·青年行》中提供的素材，制作一部知识产权成果汇报会的暖场片，参考效果如图 4-69 所示。

参考步骤

（1）使用提供的模板套用需要的素材。

（2）使用 Premiere 软件整合素材。

（3）依据音频节奏剪辑素材，输出为 MP4 格式的影片。

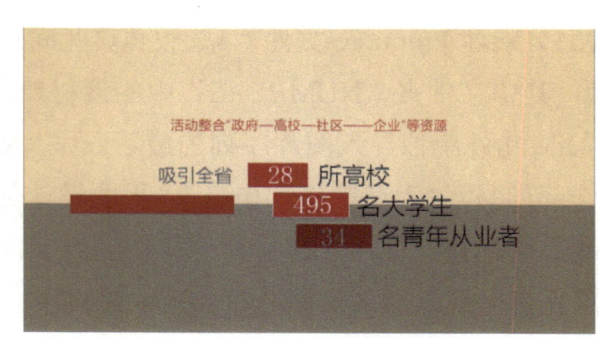

图 4-69 课后习题参考效果

4.3 双机位公开课短片

志之所趋，无远弗届，穷山距海，不能限也。

——《格言联璧》

一个人如果有足够坚定的志向，那么他要到达的地方不论多远，最终都能到达，即使是极高的山峰、极辽阔的大海，也不能阻挡他前进。青春是人生中最美好的时光，也是最容易被人们忽视和浪费的时光。岁月的流逝并没有让青年的热血冷却，反而更加热血沸腾。中国青年的每个行动都为时代增添了一抹灿烂的色彩，在青春的路上，我们要勇敢前行、永不言败。只有这样，我们才能为自己争得更多光彩，为社会做出更多的贡献。

知识概述

（1）拍摄双机位公开课短片的机位安排。
（2）拍摄双机位公开课短片两台机位的参数配合。
（3）拍摄双机位公开课短片中主机位和游机位的拍摄要点。
（4）拍摄双机位公开课短片中主机位和游机位的剪辑要点。
（5）拍摄双机位公开课短片教学素材的剪辑要点。
（6）运用 After Effects 和 Premiere 软件完成双机位公开课短片的制作。

任务描述

双机位公开课短片是数字媒体技术专业的学生拍摄并剪辑大型活动的入门项目。双机位公开课短片属于舞台表演类型的影视片，该类型影视片还包括为公司年会、企事业单位演出、专项比赛、会议等制作的短片。它们的拍摄场景类似，基本形式是主要人物活动在大的舞台（讲台）上，众多观众在台下观看，其中穿插多种形式的互动，本例就是拍摄并制作一部典型的双机位公开课短片。

创意构思

双机位公开课短片的一般制作标准如表 4-4 所示。

表 4-4　双机位公开课短片的一般制作标准

序号	内容	注意事项
1	After Effects 模板套用片头	写明公开课相关信息，如课程、课题等
2	主机位全景（上课）	画面无倾斜，教师收音清晰，教室全景完整
3	游机位教师中近景	画面无倾斜，中/近景景别标准，声画同步
4	全班同学认真听课全景	画面无倾斜，能体现一定的景深效果为佳
5	主机位全景	画面无倾斜，教师收音清晰，教室全景完整
6	演示文稿全屏展示 小窗口展示游机位教师中近景	全屏演示文稿和小窗口画面内容保持同步，演示文稿动画与小窗口声画同步
7	部分同学认真听课近景	画面无倾斜，能体现一定的景深效果为佳
8	教师提问、同学回答、小组活动等	各种互动按教师上课顺序穿插在视频片中
9	主机位全景（下课）	画面无倾斜，教师收音清晰，教室全景完整

任务实施

双机位公开课短片属于舞台表演类型的影视片。我们先来总体了解录制舞台表演短片需要考虑的要点。

1. 提前踩点场地

只有看到实际场地，才能提前得知摄像的约束范围、摄像最佳的位置、最佳的照明位置等详细内容，从而拍摄到想要的影像。例如，根据表演场地的大小、舞台的具体位置、观众席分布来决定需要几台摄像机，考虑在观众席拍摄影像时是否会受距离与方位的约束；主要人物（演员、老师等）的具体活动范围，等等只有这样才能事先做好安排，不至于现场混乱，从而拍摄到优秀的舞台演出视频。如图 4-70 所示为不同场地的现场情况。

图 4-70　不同场地的现场情况

2. 选择拍摄的据点

舞台表演类型的短片一般是用两台摄像机加一台照相机进行拍摄的。一台主摄像机（又称为主机位）被架设在正对舞台的方向，考虑到前方可能有人站立和走动，主摄像机的高度应该高于人的高度，这样相对来说可以避免人走动影响拍摄效果，还能和前方高起来的舞台持平，保证与被拍摄的人员是平视的。另一台为游动摄像机（又称为游机位），负责拍摄特写、侧面和观众。主机全程拍摄，副机有选择地拍摄。照相机在捕捉常规镜头之外，还要拍摄每个节目最后的定格画面。如图 4-71 所示为舞台表演类型的短片的摄像机位安排。

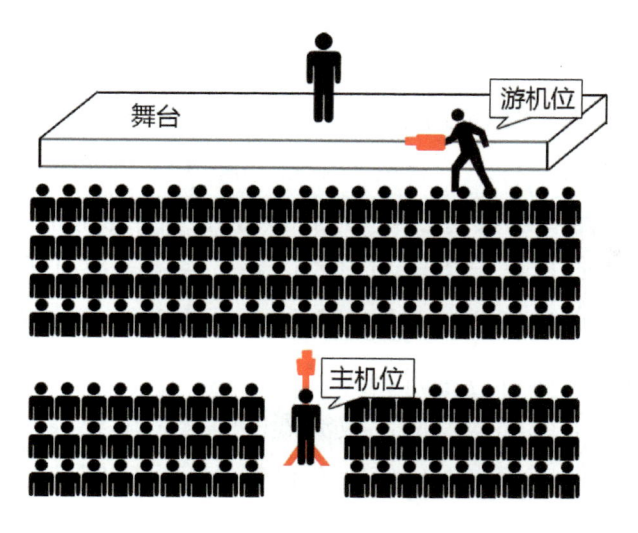

图 4-71 舞台表演类型的短片的摄像机位安排

3. 主机位拍摄要点

在有两个机位的前提下，演出人员在舞台中心，主机位要借助三脚架稳定地架设在舞台对面，以全景镜头完整拍摄舞台演出，从而得到比较稳定的影像。主机位的任务是从开始到结束始终保持相同的镜头角度拍摄画面，千万不要不停地推、拉、摇、移拍摄运动镜头。如果主机位架设的位置距离舞台太远，则要调整焦距为全景景别。如图 4-72 所示为主机位景别设置示例。

图 4-72 主机位景别设置示例

如果只有一个机位，即利用一台摄像机录制整个过程，则更加需要熟悉拍摄环境，把接近演员眼睛水平高度的位置定为摄像的主要据点，拍摄过程中依据舞台表演内容的不同，适当运用推、拉、摇、移切换景别。如果是集体表演，则尽量保持全景景别不动；如果是个人表演，则可以在节目中间录制一些近景等，在进行景别切换时推拉要匀速，不要过快。因为舞台表演时间较长，通常超过 1 小时，所以主机位拍摄最好事先设置成 10 分钟一段，避免素材时间过长、存储量过大，否则在后期剪辑时可能会出现导入素材死机、剪辑过程速度慢等问题。

4. 游机位拍摄要点

如果在录制节目时自始至终只在同一个位置持续拍摄全景一个景别，那么不仅会使画面显得单调且冗长，还降低了后期节目的观赏性和趣味性，这时游机位就显得很重要了。对于游机位来说，主要还是利用其可以移动的特点，在正常表演的时候，拍摄侧面的演员，甚至拍摄演员的背影，生动地展示舞台演出的过程。在拍摄公开课时，游机位必拍画面包括教师板书、小组实验、学生听课、回答问题等。在拍摄舞台演出时，应不停地移动距离和方位，以多种方式调整摄像机与舞台的距离和拍摄的角度，改变影像的大小，突出舞台的生机。如果遇到互动环节或观众反应比较激烈的时候，就要寻找比较配合的观众进行拍摄，用于后期剪辑。为了保证演出的连续性及自然地缩短时间，必须要拍摄观众鼓掌或凝神观看的通用镜头，拍摄观众的反应不仅能调节演出气氛，还能成为编辑镜头时自然转场的镜头源，也可以用来弥补主机拍摄的缺憾，如主机位摇移出现了虚化，或者出现演员走出镜头等瑕疵。

此外，如果表演时间很长，为了保证拍摄的连续性，在主机位换电池的时候，游机位要提前做好准备，在侧面不间断地拍摄舞台，从而保证在主机位停止拍摄的那一分钟能够连续录制。如图 4-73 所示为游机位景别设置示例。

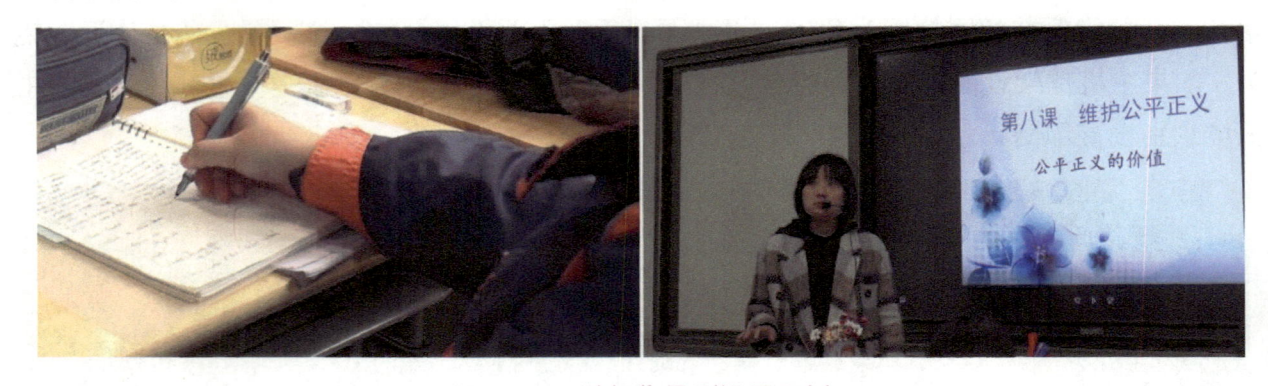

图 4-73　游机位景别设置示例

5. 现场录音

舞台表演不能忽视收音效果。指向性麦克风可以清除周围环境的噪声，是一种最有效的现场录音设备。当具备使用无线麦克风的条件时，在舞台上安装无线麦克风，可以录制清晰的现场声音。在靠近音箱的位置设置麦克风会增加噪声，因此麦克风不能被放在靠近音响的地方。摄像人员在正式开始拍摄前要先录制一小段视频，在查看回放时可以检查收音是否正常。

6. 主机位和游机位的协调

主机位和游机位的协调内容如表 4-5 所示。

表 4-5　主机位和游机位的协调内容

要点	内容
环境	拍摄需要整洁干净的环境，在拍摄时应尽量避开脏污处，如墙壁的污渍；尽量避免逆光的环境，可拉上窗帘或打开所有灯来解决；尽量避免嘈杂环境，可使用无线麦克风解决声音问题
视频格式	主机位和游机位统一拍摄格式，如同时采用隔行扫描或逐行扫描；统一输出格式，如同时采用1080P/720i 的逐行扫描分辨率
色温	同一个据点的主机位和游机位要统一色温，不同据点的主机位和游机位要依据现场光线条件进行调整，保持画面色调一致，一般室内拍摄色温在 5500K 左右
游机位活动范围	要事先确定游机位活动范围以避免穿帮；游机位尽量不要在场所内穿行，在经过主机位取景范围时应尽量蹲行避让
同步录制	为降低后期剪辑声画同步难度，双机位宜同时开始拍摄，中间不停顿，直到活动结束；游机位必须保证在主机位更换电池或突发状况时处于拍摄状态，并且素材可用

7．后期剪辑

舞台表演短片一般套用 After Effects 片头模板制作，根据表演的节目单，按照时间发展顺序依次剪辑节目，片尾要出字幕，具体可根据客户要求制作。主机位和游机位在完成拍摄后需要通过对口型等方式进行精细编辑，可通过录制的同期声去对口型，因为同期声的声波几乎是一致的。在进行剪辑的时候，将主机声音轨道作为主轨道，将视频的码率、波形对准位置，空缺的位置可以用空镜头进行填充，双机位公开课短片的剪辑方法类似。

下面利用一个完整的工作任务来进一步介绍双机位公开课短片的剪辑技术。

（1）套用 After Effects 模板完成片头制作，注意片头要包含公开课必要的信息，如课题名称、学校名称和教师姓名等，如图 4-74 所示。

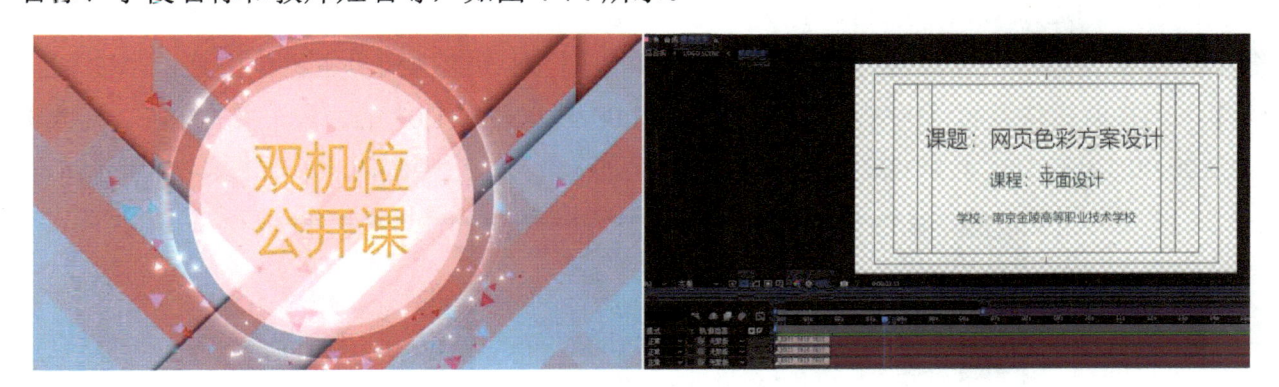

图 4-74　使用模板完成片头制作

（2）新建 Preimere 合成文件，文件名为"双机位公开课"，导入文件夹"素材"中的所有视频素材，新建序列"主机位"，导入视频素材"00004""00005""00007"，依次无缝衔接，删除所有教师和学生失误部分如口误、与摄像人员协商、演示文稿播放错误等并完成粗剪，如图 4-75 所示。

图 4-75 导入视频素材并完成粗剪

(3)在"项目"窗口中使用鼠标右键单击序列"主机位",从弹出的快捷菜单中选择"从剪辑新建序列"选项,生成新序列"主机位",这个序列封装了已完成的剪辑,如图 4-76 所示。

图 4-76 新建序列"主机位"

(4)查看游机位素材,游机位拍摄了教师教学近景、学生听课全景、学生讨论中景和学生回答问题近景等诸多素材。下面用游机位镜头来遮挡主机位不连贯的位置,表现教学细节并丰富视频画面。新建序列"双机位剪辑",把封装的序列"主机位"拖入 V2 视频轨道,选择游机位素材"00004"的从 00:00:27:00 到 00:00:41:03 的片段,并拖入 V2 视频轨道的 00:00:14:38 处,教师授课镜头从全景切换到近景,注意声画同步,如图 4-77 所示。

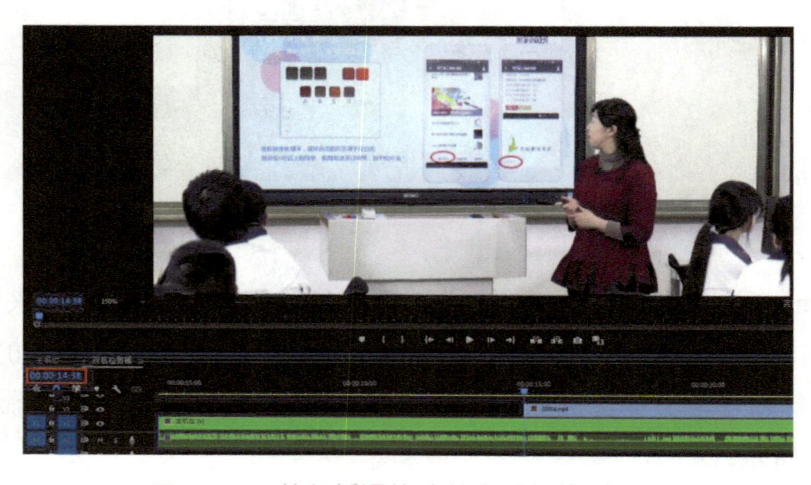

图 4-77 教师授课镜头从全景切换到近景

（5）选择游机位素材"00004"的从 00:02:02:18 到 00:03:41:16 的片段，并拖入 V2 视频轨道的 00:01:50:06 处，进一步表现教学细节并丰富视频画面，注意只保留游机位的画面，删除游机位的声音，如图 4-78 和图 4-79 所示。

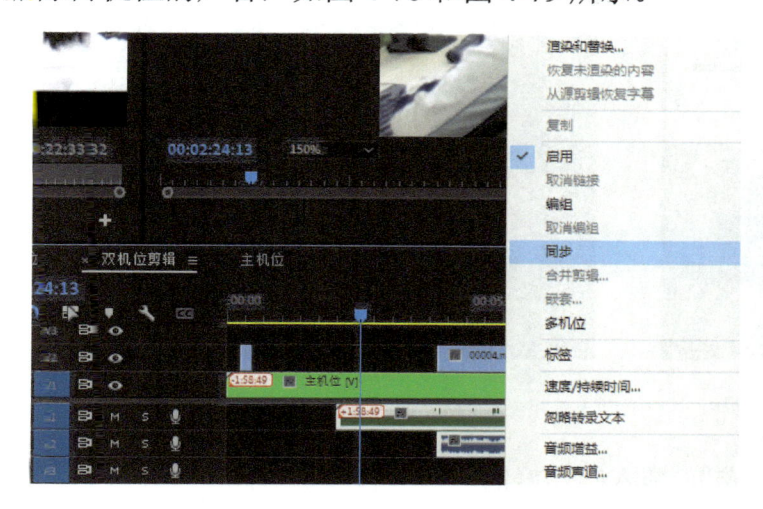

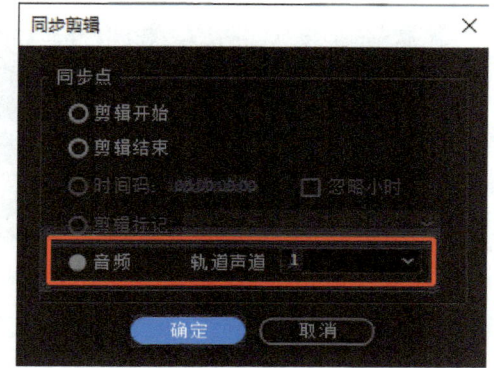

图 4-78　为两段素材设置同步

图 4-79　设置音频轨道同步

（6）用同样的方法选择合适的游机位素材，贴放在主机位画面上方，其中主机位的非连贯镜头必须用游机位画面覆盖，完成序列"双机位剪辑"的粗剪工作，如图 4-80 所示，详见源文件。

图 4-80　序列"双机位剪辑"完成粗剪

（7）用同样的方法新建序列"添加演示文稿"，根据教师讲课的进度，在合适的位置贴放演示文稿和录屏文件，如选择素材"PPT01"，贴放在时间轴从 00:00:14:49 到 00:00:26:06 最上层的视频轨道上，如图 4-81 所示。选择素材"录屏"的从 00:16:23:43 到 00:18:07:17 部分，贴放在时间轴 00:12:41:09 处最上层的视频轨道上，设置缩放参数为 35，位置在右下角，如图 4-82 所示。为所有演示文稿和录屏文件添加"头尾交叉溶解过渡"特效，可在表现教学细节的同时丰富画面内容，具体操作详见源文件。

125

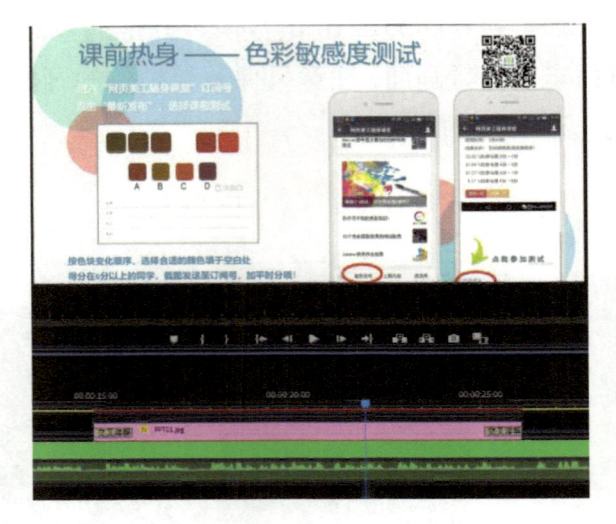

数字影音编辑与合成

图 4-81 为公开课短片添加演示文稿 　　　　图 4-82 为公开课短片添加录屏文件

（8）用同样的方法新建序列"合成"，拖入制作好的片头文件和剪辑序列，添加片头音乐和必要的转场，输出 MP4 格式的视频文件，如图 4-83 所示。完成本例双机位公开课短片的制作，具体操作详见源文件。

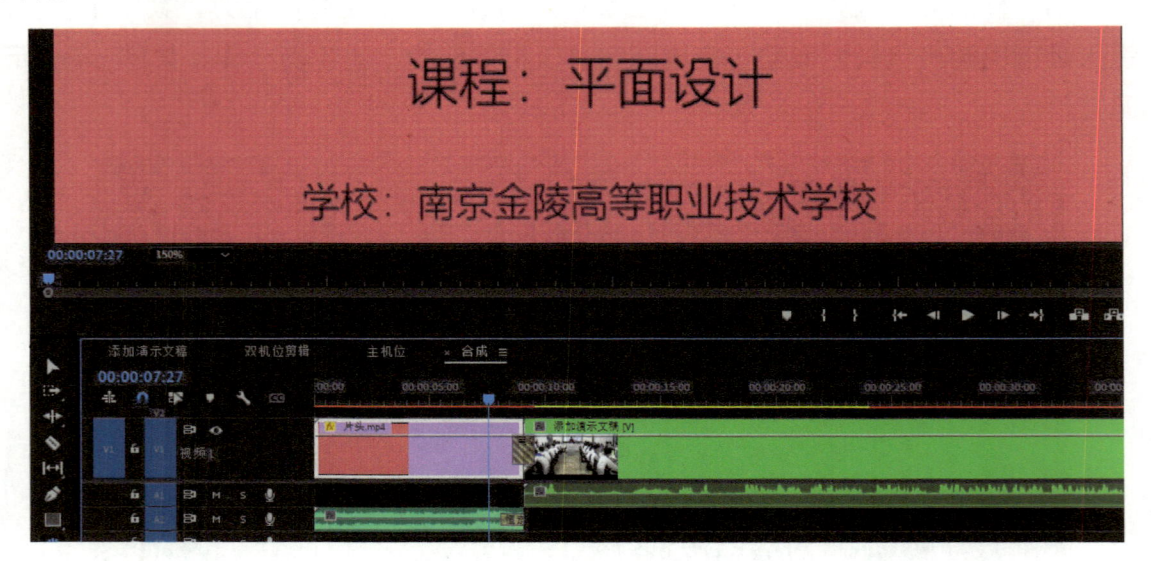

图 4-83 在序列"合成"里完成双机位公开课短片剪辑

提示

Adobe Premiere Pro 2023 版本可直接拖入序列到时间轴，会保留所有剪辑痕迹，在剪辑时可根据实际需要选择将原序列或封装后的序列拖入时间轴。

演示文稿和录屏文件的添加方法有多种，本例是满屏显示，也可以是小窗口显示或演示文稿满屏。

课后习题

为班级拍摄并剪辑一部主题班会课视频，注意双机位公开课片的拍摄要点和剪辑技巧。

4.4 航天宝贝参赛片

少年智则国智，少年富则国富，少年强则国强。

——《少年中国说》

少年们如果聪明智慧，那么国家也会充满智慧；少年们如果富裕，那么国家也会更加繁荣富强；少年们如果身强体健、意志坚定，那么国家也会更加有力量、更加强大。《少年中国说》是清朝末年梁启超所作的散文，写于戊戌变法失败后的1900年，文中极力歌颂少年的朝气蓬勃。新时代有责任与担当的青年应当时刻为祖国的建设而奋斗。

知识概述

（1）根据既定主题，自主创意完成分镜头稿本。
（2）分镜头稿本格式规范、美观，有条理，逻辑清晰，可操作性强。
（3）套用并修改 After Effects 模板，完成片头制作和小单元制作。
（4）使用 Premiere 软件依据分镜头稿本完成视频剪辑。
（5）为影视片选择合适的音乐。
（6）完成影视片的整体包装。

任务描述

在建设航天强国目标的大背景下，"火星家园创意"比赛应运而生。树莓小学的同学们积极参赛，努力提高自身科学素养，培养航天科技兴趣，为将来服务中国航天事业和创新型国家建设而奋斗。这次比赛设立航天创意设计、太空探测、航天工程与方案设计 3 个竞赛单元，以与火星相关的创意设计为主，意在考查参赛者作品的创新性，兼顾科学性和工程实现，需要提交一部 5 分钟内的完整视频进行参赛。

创意构思

小学阶段的学生参赛，主基调宜活泼愉快，体现童趣。本片从正片框架、解说词撰写、包装风格、主体配乐和剪辑节奏方面均有通盘考虑。团队名称暗含参赛学生名字，与比赛主题完美结合，片尾呼应。片中剪辑部分充分表现参赛作品的创意设计、完整流程和得分亮点，把小学生的精气神淋漓尽致地展现出来。综合运用多种软件，本短片是一部体现综合能力的视频佳作。

任务实施

（1）好的分镜头稿本是作品成功的一半。依据小学生分享的创作过程和心路历程，创作出表 4-6 所示的视频分镜头稿本。

表 4-6 视频分镜头稿本

序号	景别	画面	同期声/解说词
1	模板	片头：火心包贝 航天战队	
2	中景	3 人齐声说	我们是火心包贝，也是火星宝贝
3	中景-全景	从 3 个孩子拉到模型全貌	心：人类举着文明的火把走出洪荒。 包：美丽地球已不够承载我们的梦想。 贝：不必担心，我们设计的火星基地。 齐声：让你朝辞地球彩云间，光年火星一日还
4	模板	模型原材料介绍	贝：我们的基地使用的原材料包括基地模型雕刻纸板、沙石、水循环处理、过滤装置、火星探测车、可降解生物发电装置、金属网、泡沫纸、光纤、PVC 板、金属箔、纸黏土等
5	近景	手绘草图	心：我们先绘制出基地模型设计稿，这一步太重要啦
6	近景	火星模型表面	包：基地选址在火星水手谷，为了高度还原那里的地貌，我们用金属网和泡沫纸制作基层，勾勒出纵横起伏的陨石坑、河床和峡谷，上面用沙土覆盖，砂石满地，遍布沙丘，再刷上赤红、橙黄、花青等颜色，简直太像啦
7	多景别切换	组装现场	贝：这是我们制作模型的现场。大家一起研究图纸，分工拼插模块，我们相互合作，有的组装设备车，有的安装水循环过滤系统，我们的基地初见雏形啦
8	多景别切换	制作绿植，搭建太阳能装置	心：涂好颜色，做好绿植，搭好太阳能光板和其他装置，哇！火心包贝火星基地完工啦
9	动画	基地全貌 分区域展示动画	心：为了让航天员安心、安全地在这里工作和生活 12 个月，我们设计的基地包括五大部分，分别是休息生活区、工作区、食物供给和储存区、与地球通信区，以及快速撤离区
10	动画	线条发散动画	包：基地设备采用 U 形和发散形布局，这样在减少风受力面的同时，尽可能提高基地的结构安全性

续表

序号	景别	画面	同期声/解说词
11	多景别切换	太阳能发电装置	贝：因为火星存在大气保护层，所以基地设计了3种能源供给方式，分别是核能、太阳能和生物发电。生物发电装置提供电能，供应休息生活区电力，补充培育植物用的光照和热量，为生长的植物（如西红柿、土豆等）循环提供能量及制造氧气
12	多景别切换	休息区	心：我们预备了6个独立的生活空间，公共区域划分出身体训练区、医疗救护区和休闲娱乐区。在保障生活安全持续的同时也兼顾生活的趣味
13	多景别切换	工作区	包：在我们的工作区，也就是科研区，主要安装分析设备、观测设备和培养装置。全新的火星车会把航天员带到更远的地方，认识、研究更全面的火星
14	多景别切换	通信设备	贝：我们设计的通信设备包括天、地两个部分，地面部分为发送和接收装置，将信息发送到天上的通信卫星来保持与地球的联系。中继卫星由3颗卫星构成，可以随时与地球科学家进行通话，也可以与家人通话，毕竟出差在外谁不往家里打电话呢
15	多景别切换	快速撤离区	心：快速撤离区是我们安全基地最重要的组成部分。如果发生突发情况，则航天员可以在最短的时间内登上飞船，启动并发射，在飞船静止状态下太阳能翼张开，收集能量，启动后双翼合成胶囊状态
16	近景	3人站在模型前说	包：你喜欢我们的基地吗？ 贝：欢迎多提意见，我们会把它做得越来越完善
17	模板	片尾	齐声说：亲爱的朋友们，我们火星上再见

（2）片头部分由套用和修改 After Effects 模板完成。依据小学生的年龄特点，选择卡通风格的版本，搭配跳跃灵动的背景音乐。每个有航天梦的孩子，都渴望有朝一日坐着宇宙飞船遨游在外太空，虽然最终能实现理想的孩子凤毛麟角，但是我们可以通过技术手段让孩子们模拟一次当小宇航员。打开片头文件夹中的 After Effects 模板"太空宇航员主题场景"，选择合成"Space Animation_03"作为开场镜头。把3张照片"心""包""贝"导入素材库，找到合成"Face"，把照片"心"放置在图层 cover 的下方，缩小照片并使用钢笔工具绘制蒙版，并添加羽化，用孩子的面部代替模板中的手绘面部。回到合成"Space Animation_03"中，小宇航员已经诞生啦，如图4-84所示。

（3）一个孩子独闯火星有些孤单，让我们把团队中的另外两个孩子也送上"太空"。找到合成"Character 2"，复制该合成两次并分别改名为"包""贝"，找到合成"Face"，复制该合成两次并分别改名为"包face""贝face"，在两个合成中用相同的方法替换孩子的脸，注意单独调整每张照片的位置和缩放，如图4-85所示，详见源文件。

> 提示
>
> 当合成数量较多时，可将合成重命名为标志性的名称，方便后期搜索。

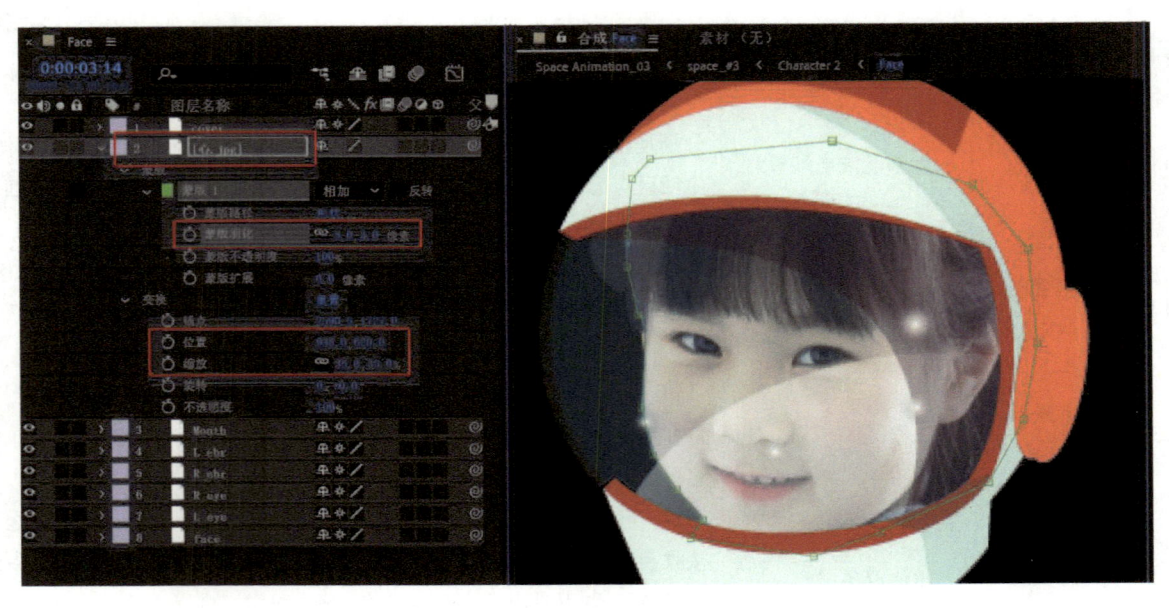

图4-84 修改宇航员外观

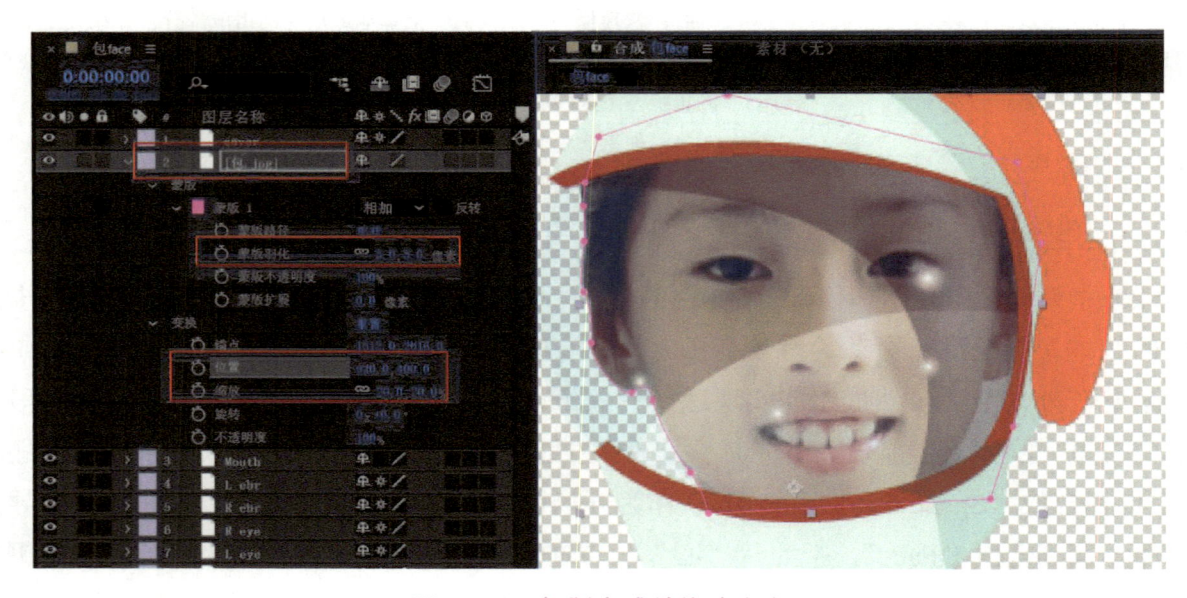

图4-85 复制合成并修改内容

（4）在合成"包"里，选中图层"Face"，在素材库中一边按住"Alt"键，一边拖动合成"包 face"到图层"Face"上，完成图层的替换。用同样的方法在合成"心"中完成替换。3位小宇航员形象已制作完成，在合成"space_#3"中0:00:00:15处拖入合成"包"，在0:00:01:00处拖入合成"贝"，适当调整位置和缩放，3位小宇航员已经在太空恣意遨游，如图4-86所示，开场镜头制作完成。

（5）第2个镜头选择合成"Space Animation_04"来完成，参考样片让3位小宇航员都在画面中，适当调整位置和缩放，注意有两个小宇航员是镜像出现的，制作缩放动画特效文字和擦除特效文字，如图4-87所示，完成第2个镜头的制作。

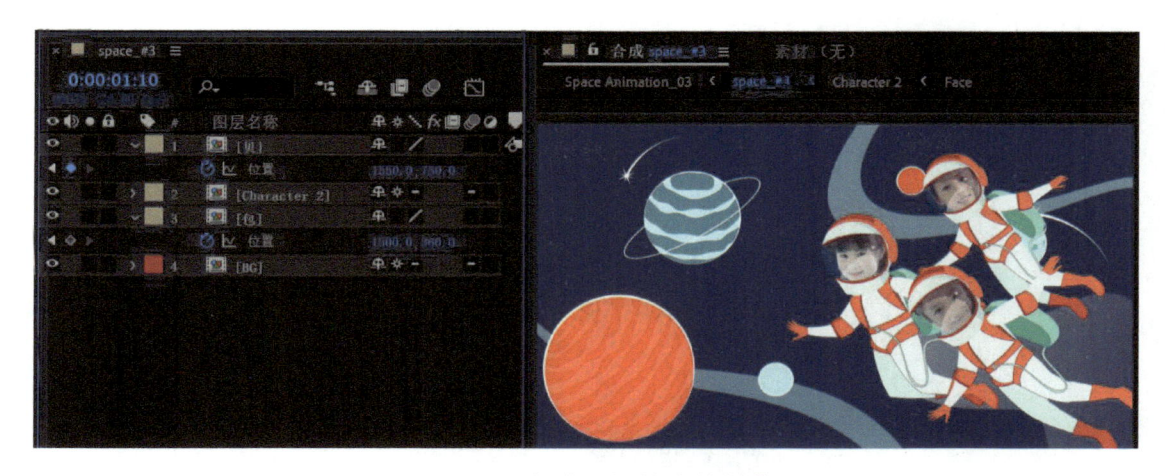

图 4-86 完成开场镜头的制作

图 4-87 完成第 2 个镜头的制作

> **提示**
>
> 在套用模板的时候，经常需要自己制作文字，本例中文字的颜色可使用模板画面原有的颜色，选择与卡通模板风格相符的圆润字体，为突出文字可适当添加描边。本例文字的出现形式较为简洁，与模板扁平化图标风格保持一致。

（6）引入部分很重要，一个漂亮的开场能起到事半功倍的效果。第 1 句同期声为"我们是火心包贝，也是火星宝贝！"结合 3 个团队成员的名字，我们巧妙地设计出"火心包贝"，谐音"火星宝贝"的团队名称。为了帮助观众迅速领悟团队名称与众不同的含义，我们使用 After Effects 模板"太空科幻主题的圆形图标动画素材"中的部分元素，结合小学生的自我介绍，重点突出文字，既丰富了画面，又恰如其分地传达了我们想表现的内容，如图 4-88 所示，详见源文件。

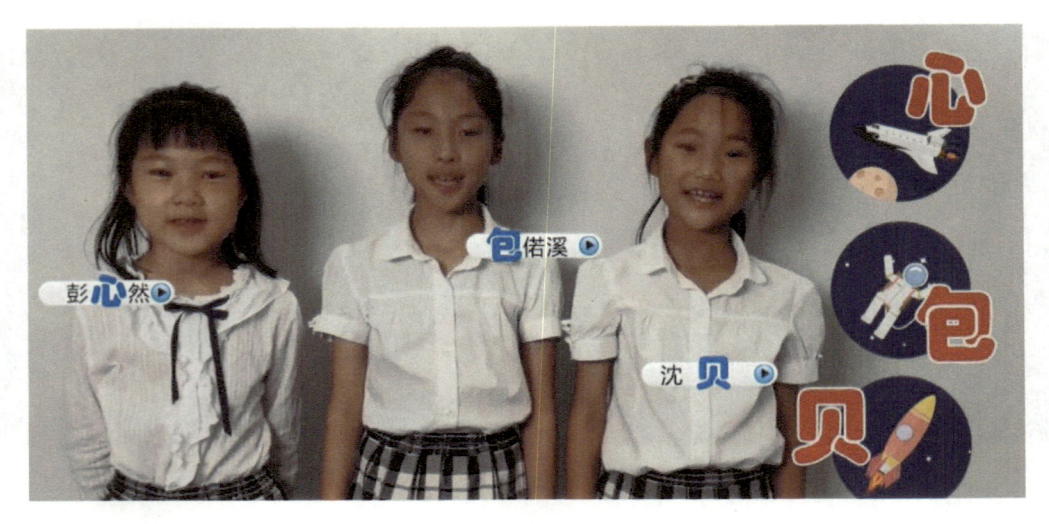

图 4-88 结合团队成员名字的开场介绍

（7）第 2 句同期声为"……让你朝辞地球彩云间，光年火星一日还。"以小学生耳熟能详的古诗词结合比赛主题并略加改动，既引人入胜，又润物无声地表达了参赛模型可快速登录、快速撤离的技术优势，使用长镜头并顺势移动到模型全貌，如图 4-89 所示。这句同期声为承上启下之句，为下文转入基地模型介绍进行铺垫，详见源文件。

图 4-89 古诗词结合长镜头过渡

（8）模型原材料介绍部分结合两个 After Effects 模板进行制作。使用模板"太空宇航员主题场景"中的合成"Space Animation_01"作为背景，注意要删除人物元素，并移动望远镜元素的位置到画面左下角，使用模板"叠加展现的活泼照片"的 image 部分和 text 部分展现原材料照片和说明文字，完成这部分的制作，如图 4-90 所示。

提示

当说明文字较长、模板长度不够时，可采用放慢视频速度或截取单帧延长的方式来解决。

图 4-90　模型原材料介绍模板

（9）片中部分依照分镜头稿本依次剪辑，注意遵循剪辑的基本规范，详见源文件。其中，第 6 个镜头介绍的参赛模型火星基地表面制作得十分精美，是着力要表现的亮点，在剪辑时宜选择多种角度拍摄的视频素材，同时右下角小窗口放置模型制作过程的画面，体现制作的高难度，提高真实性，如图 4-91 所示。

图 4-91　第 6 个镜头多角度展现

提示

尽量不要在解说词的句中位置进行画面切换，注意同一场景多景别切换的表现。

（10）第 9 个镜头为火星基地分区域展示，仅用解说词介绍不能够清晰明了地说明设计思路，这里结合 After Effects 软件添加适当的动画特效，描边颜色选择科技感强烈的亮蓝色，给视频锦上添花，如图 4-92 所示。参照以上方法制作短片完成航空宝贝参赛片的制作。

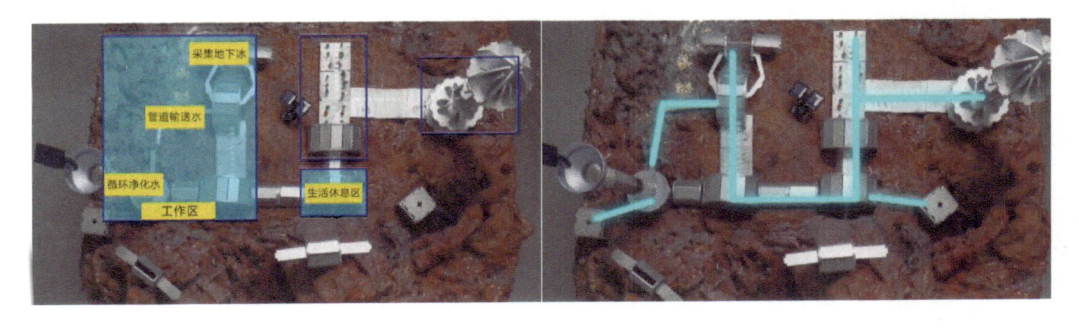

图 4-92　第 9 个镜头结合动画

133

课后习题

利用《每一个她，一路生花》中提供的素材，制作一部妇女节节日祝福片，参考效果如图 4-93 所示。

参考步骤

（1）使用提供的模板套用出需要的素材。

（2）使用 Premiere 软件整合素材。

（3）依据音频节奏剪辑素材，输出为 MP4 格式的影片。

图 4-93　课后习题参考效果

第 5 章

蓬勃·不负韶华

画凌烟,上甘泉。自古功名属少年。

——《长相思》

不知不觉我们学到了这里,这是本书的最后一章,也是同学们追逐梦想、大展宏图的起点。当我们在数字媒体浩瀚的世界里默默汲取知识,当你觉得自己已经学会了很多知识,但不知道的知识更多时,厚积终有薄发的一天,不要畏惧困难,每一个克服困难的过程都会让我们站上更高的山峰。当我们俯瞰那些艰辛的历程,会更加领悟"没有白走的路""世界是你们的,也是我们的,但是归根结底是你们的"。

5.1 金陵小树莓视觉传播工作室

任务描述

职业教育是与普通高等教育具有同等重要地位的教育类型。当今社会，家长仍然对职业教育不够信任，这也是对职业教育培养人才质量的不信任。无论学生接受何种类型的教育，最终目的都是就业，如果职业教育培养出来的学生的就业情况不逊于普通高等教育的学生的就业情况，家长的顾虑自然就会烟消云散。为了解决教学内容和职业岗位需求内容的鸿沟，我们构建校内承接真实生产任务的工作室，让高年级学生在校期间完成真实项目的全流程，而非模拟项目。因为有真实的甲方存在，有对学生身份的合理容错，有教师的全程指导，所以工作室培养模式可以有效提高学生的就业竞争力，提高职业学校学生的就业满意度，从而正向推动职业教育的良性发展。

创意构思

金陵小树莓视觉传播工作室是数字媒体技术专业的创业实践项目，为数字媒体技术专业学生提供在校创业的机会。因为数字媒体技术这个名称过于专业，所以我们给它起了一个好听的名字——"数媒"，谐音就是"树莓"，金陵小树莓视觉传播工作室是我们数字媒体技术专业对外宣传的窗口。

工作室对外承接各类业务，是为了让学生进行真正的实践活动，以及提升在校学生的各项技能水平。经过工作室模式培养出来的毕业生受到用人单位极大的欢迎，他们活跃在制片、摄像、航拍、直播、摄影、后期各个岗位。我们经常会请优秀毕业生回母校，他们带回第一线的岗位需求信息和最先进的技术，对在校学生进行技能指导并从中培养一些优秀学生，这些优秀学生在毕业后就进入学长所在的工作单位实习和就业，这个"雪球"越滚越大，形成了一个顺畅的优质循环，推动着这个专业不停地向前高质量发展。

任务实施

（1）工作室氛围的营造必不可少：一方面，工作室整体的 VI 设计对外可以提升品牌形象，体现专业性和规范性，工作室的工作环境完全按照企业规范打造。另一方面，学生从校园人向企业员工转化，企业氛围浓厚的工作环境可以有效提升学生的认同感，让学生拥有归属感，同时也可以增强学生的凝聚力，激发他们的责任感和使命感。工作室 Logo：中间有一颗树莓果实，圆盘胶片将人们带入一个媒体的世界，"小树莓"们就是站在新媒体时代风口浪尖上的一群蓬勃少年，如图 5-1 所示。

图 5-1　金陵小树莓品牌 Logo

（2）基于 Logo 的一系列视觉识别设计必不可少，视觉识别设计的应用部分包括办公用品、公关赠品设计、员工服装服饰、标志符号指示系统、办公场所标志系统等，具有传播力和感染力，容易被公众接受，具有重要意义。工作室的部分视觉识别设计如表 5-1 所示。

表 5-1　工作室的部分视觉识别设计

名称	设计图示例
门牌	
名片	
宣传单	

137

续表

名称	设计图示例
报价单、工作量考核办法	
小展板	
大展板	

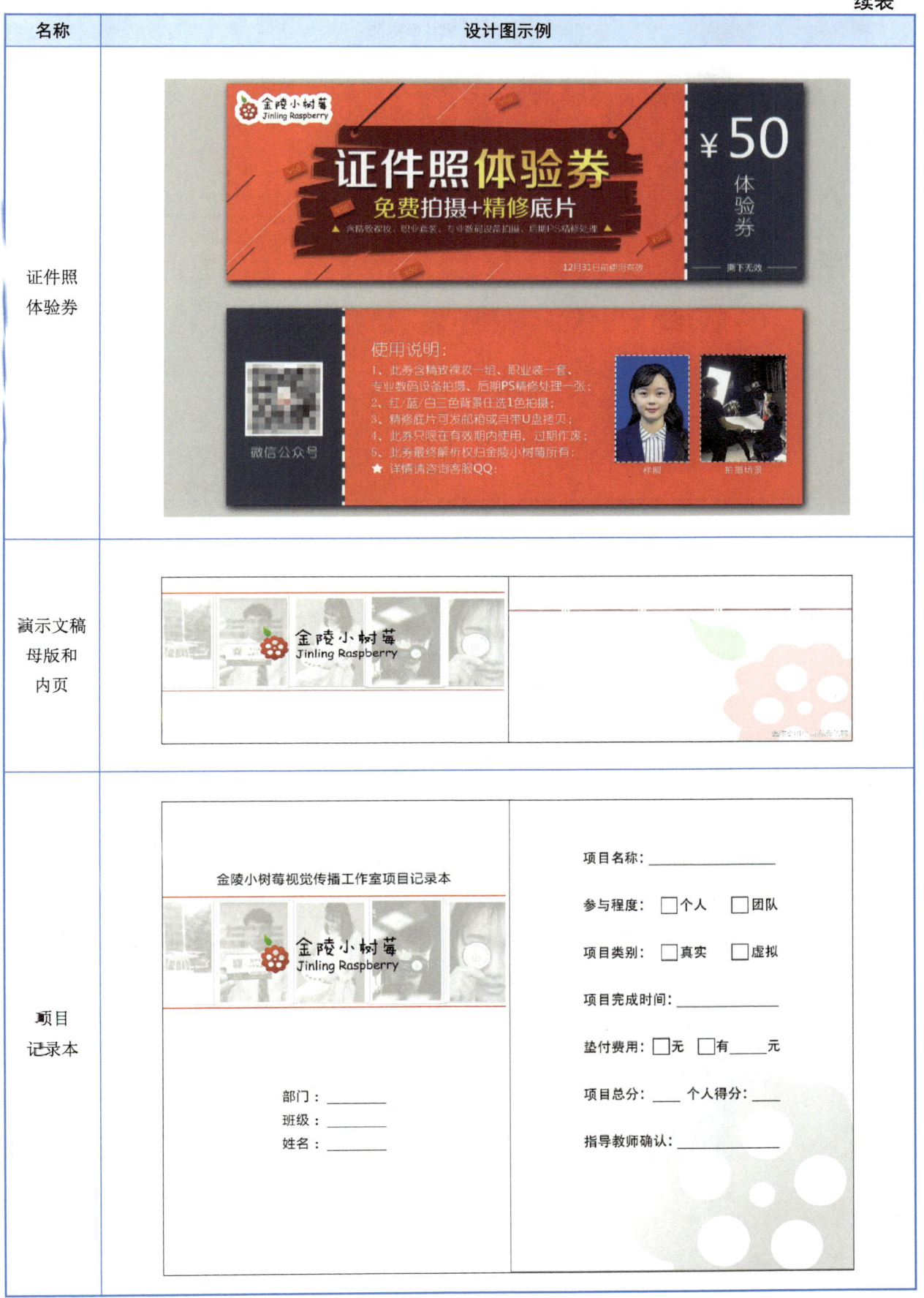

续表

名称	设计图示例
证件照体验券	
演示文稿母版和内页	
项目记录本	

续表

名称	设计图示例
年历	

（3）将视觉识别设计稿转换为实物印刷品，如图 5-2 所示。

其他周边

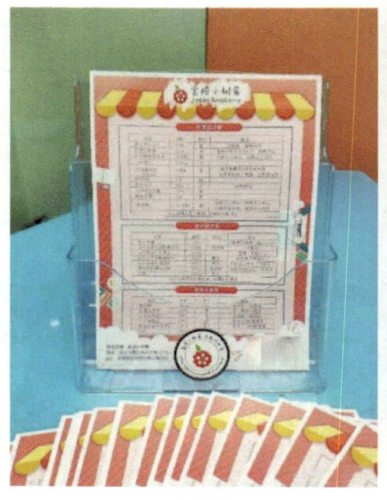

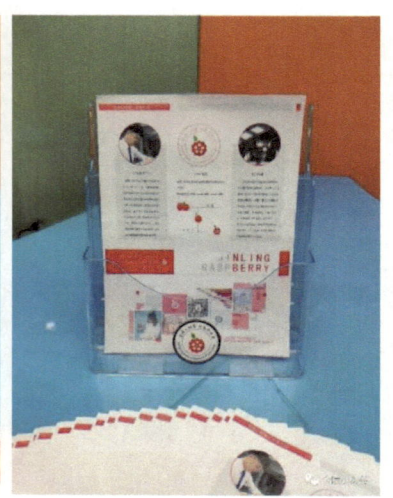

报价单　　　　　　　　　宣传单

图 5-2　工作室视觉识别设计部分实物展示

蓬勃·不负韶华 **第5章**

大展板

小展板

工作服

图 5-2　工作室视觉识别设计部分实物展示（续）

（4）工作室形象照拍摄和宣传片制作是建立品牌形象和宣传的重要手段之一。随着社交媒体的兴起和信息传播的快速发展，形象照不仅是展示工作室风采、向外界传递工作室文化、价值观和使命感的一种方式，更是增强团队成员凝聚力、集体荣誉感和责任感的有效途径。工作室形象照和宣传片如图 5-3 所示。

（5）工作室的运营以数字媒体专业高年级学生为主体全员参与，低年级少部分学生参与项目制作，以达到承上启下、顺利交接的目的。工作室依据新媒体行业所需的岗位类别和数字媒体技术专业学生的培养方向，共分为 4 个分部门：摄影制作部、影视制作部、平面设计部、宣传推广部。高年级学生通过考核并结合双向选择的形式进入部门继续学习和

141

数字影音编辑与合成

实践。工作室分部门运作形式如图 5-4 所示。

图 5-3　工作室形象照和宣传片

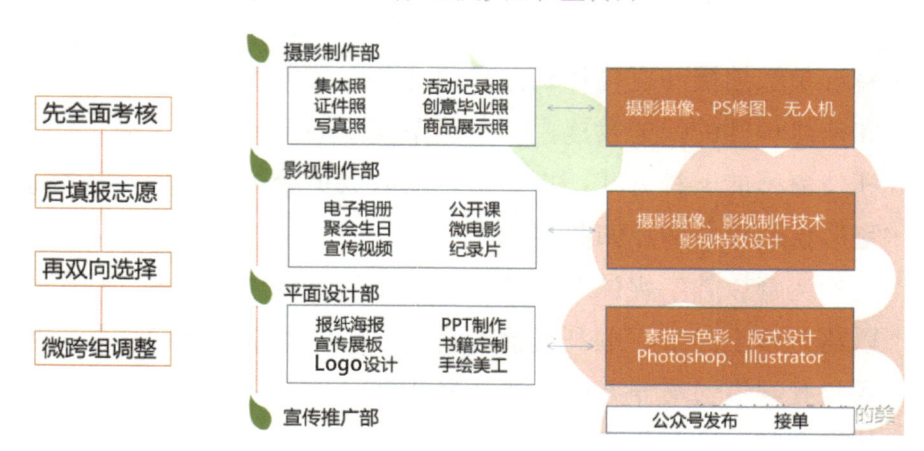

图 5-4　工作室分部门运作形式

（6）摄影制作部承接各类摄影修片服务，包括棚拍证件照、棚拍职业照、棚拍写真照、外景人像写真、外景创意集体照、航拍创意照、线上产品照、现场活动照、旅游跟拍照等。摄影制作部工作场景如图5-5所示。

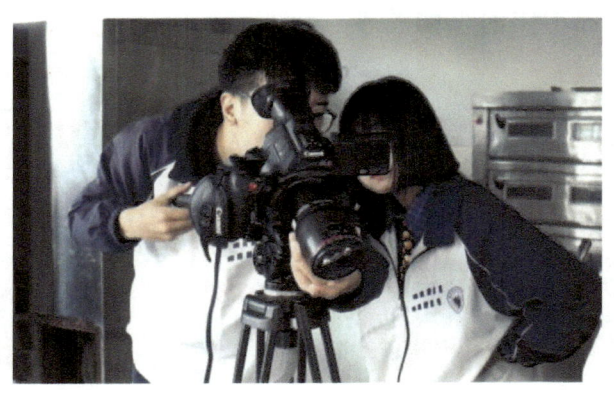

图5-5　摄影制作部工作场景

（7）影视制作部承接各类影视片拍摄剪辑服务，包括宣传片、微电影、公开课、特效包装、电子相册、会议活动、商品短视频、航拍等。影视制作部工作场景如图5-6所示。

图5-6　影视制作部工作场景

（8）平面设计部承接各类设计服务，包括设计Logo、宣传单、海报、画册、广告，以及书籍排版、手绘、设计文创等。平面设计部工作场景及作品如图5-7所示。

图 5-7　平面设计部工作场景及作品

（9）宣传推广部负责工作室的公众号运营、抖音号运营、淘宝店运营等。工作室完成的所有项目均以公众号推文的形式推送，优秀推文由学校向上一级宣传部门投稿。宣传推广部工作内容如图 5-8 所示。

图 5-8　宣传推广部工作内容

（10）工作室设立运营总监一名，摄影制作部部长一名，影视制作部部长一名，平面设计部部长一名，宣传推广部部长一名、行政人员一名。学生工作内容如图 5-9 所示。

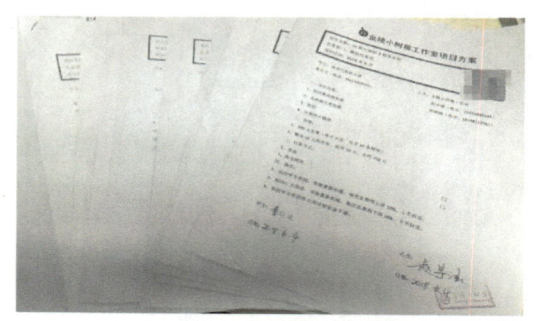

（a）运营总监负责工作室日常工作的统筹，对外订单承接，拟定合同等

图 5-9　学生工作内容

蓬勃·不负韶华 第 5 章

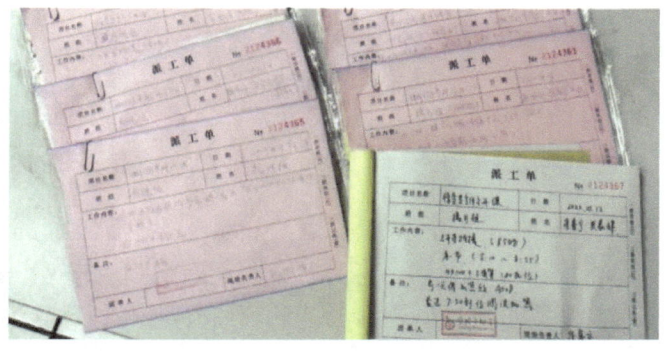

（b）部长负责建立工作群，协调工作内容，制订工作计划，推进工作开展等

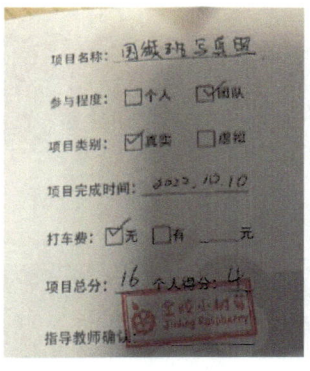

（c）行政人员负责学生的积分制考核、各类项目收支情况的汇总等

图 5-9　学生工作内容（续）

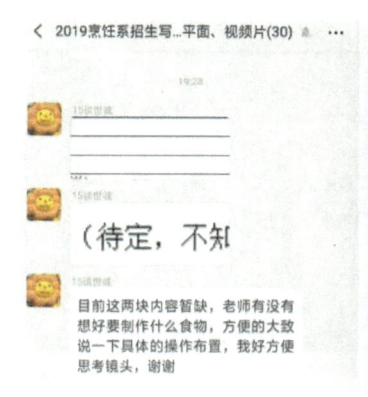

（11）工作室在承接校内外各项真实业务的同时，还有 3 项固定的主题活动：金陵小树莓主题摄影展、以竞赛为抓手的视频展、小树莓颁奖典礼。

① 金陵小树莓主题摄影展。

为丰富摄影方面的实践内容，让每位同学都得到展示自我风采的机会，工作室每学年都会举办月展览和年度总展览，一方面极大地调动了数字媒体技术专业学生学习的积极性，给他们提供展示风采的舞台；另一方面更直观地面向校内外展示金陵小树莓工作室的教学成果，让每一颗"小树莓"都闪闪发光。金陵小树莓主题摄影展如图 5-10 所示。

145

(a) 读书节月度主题摄影展

(b) 青年节月度主题摄影展

(c) 摄影展迎宾区和嘉宾区

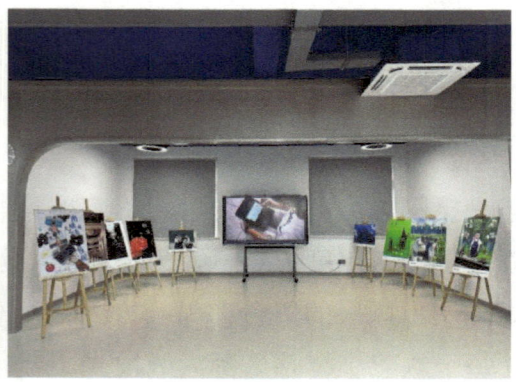

(d) 摄影展棚拍体验区和画架区

图 5-10　金陵小树莓主题摄影展

(e) 摄影展绘画区和周边区

图 5-10　金陵小树莓主题摄影展（续）

② 小树莓颁奖典礼。

每年 6 月的小树莓颁奖典礼是数字媒体技术专业即将毕业的学生的狂欢日，也是低年级学弟梦想萌发的起点，即将毕业的学生们盛装出席，在校所有数字媒体班的学生现场观礼。颁奖典礼上星光熠熠，市级领导、企业大咖、优秀毕业生都是我们的特邀嘉宾，为优秀学生颁发包括最佳摄影奖、最佳剪辑奖、最佳团队奖等奖杯，为考核优秀和良好的学生颁发奖状。以一场盛典为载体，为工作室培养模式画上一个完美的句点，为下一届进入工作室的学生开启盛大的帷幕。小树莓颁奖典礼如图 5-11 所示。

图 5-11　小树莓颁奖典礼

5.2　工作室案例分享

去思考、去行动、去迎接、去探索。

——《南方周末》

每一次何去何从的困惑，都可能通向一场毅然决然的醒悟，即使不知道答案，不清楚前路，仍可选择做最值得的自己。笔者更多地想对同仁们说：读懂永无止境，不惑则是一种状态，希望我们都能在沧海桑田中守护方寸安宁，既照亮自己的前路，也成为别人的明灯。

数字影音编辑与合成

📌 任务描述

中秋佳节即将来临，烹饪营养系的同学们开发出新品月饼，因为他们想要在全校范围召开新品推广会，所以联系工作室，需要前期造势并进行新品推广会现场布置，以及活动的同步宣传推广。

📌 创意构思

工作室的运营总监和各部门部长经过研讨，一致认为本次项目需要4个部门群策群力、通力合作、共同完成，围绕新品月饼的主题，推出产品艺术写真照系列来吸引学生的眼球，以教程片为载体推出视频片，从而体现产品质量，以系列海报的形式布置新品推广会的现场，所有活动以公众号推文的形式宣传推广。

📌 任务实施

在"烹饪营养系新品月饼推广"项目协调会上，运营总监和各部门部长确定各部门具体工作任务，涵盖项目前期造势、现场新品推广会布置和线上同步宣传所需的所有内容，如表5-2所示。

表 5-2　各部门工作任务

摄影制作部	影视制作部	平面设计部	宣传推广部
月饼商品展示照一套	制作过程教程片一部	新品推广海报系列	新品推广公众号推文一篇

（1）运营总监和甲方签订合同，明确甲方和乙方的责任和义务，包括项目内容、完成时间、物料预算等。乙方应根据甲方准备的预算，货比三家，尽力为客户挑选性价比高且适用的物料，如大型活动的海报尺寸不宜太小且应防水，户外活动的展架需稳固，商品照道具需考虑可重复利用等等。工作室项目方案和物料选购如图5-12所示。

🔊 **提示**

工作室会适当收取甲方的设计费，以礼品的形式在期末奖励优秀学生。

（2）摄影制作部采用室内棚拍的方式，拍摄月饼商品展示照一套，包括商品整体正面照、侧面照、俯拍照、细节照等，如图5-13所示。

图 5-12　工作室项目方案和物料选购

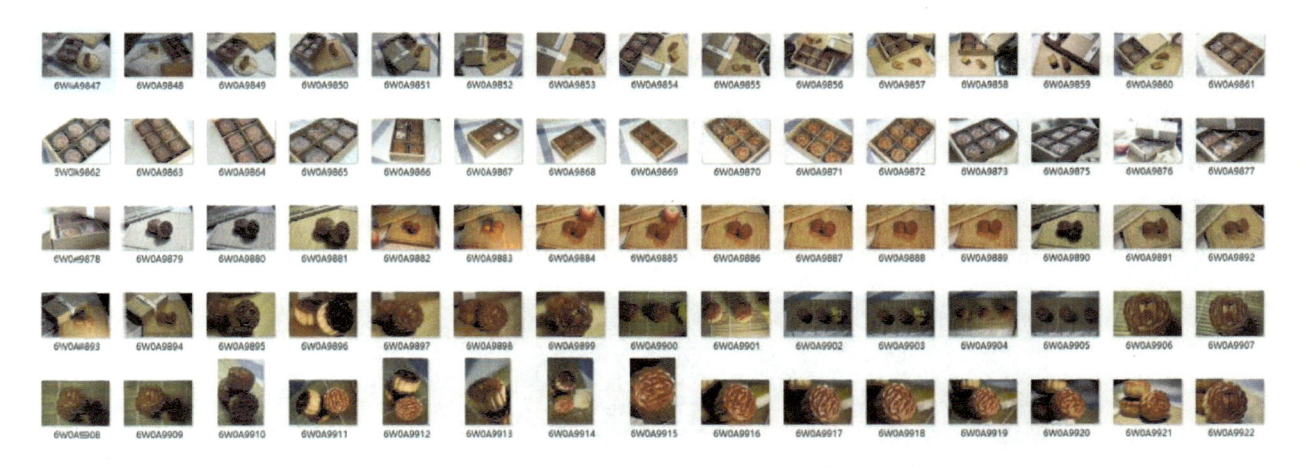

图 5-13　摄影制作部拍摄的月饼商品展示照原片

（3）挑选可用的原图，注意挑选使用全景、中景、近景、特写、俯摄、平摄、仰摄等多种角度拍摄的照片，并精修照片色调和调整构图。下面用一张照片来举例说明精修照片的常规操作步骤。打开 Adobe Photoshop 2023，选择菜单"滤镜"—"Camera Raw 滤镜"，在基本项中设置色温为+8，往暖色调方向调整；设置色调为+20，使照片更红、更暖；设置曝光为+1.00，略微整体调亮照片；设置对比度为+10，略微提高照片对比度；设置高光为+40，白色为+30，使照片高光部分更亮、更有光泽；设置清晰度为+20，去除薄雾为+10，使照片更清晰、更有质感；设置自然饱和度为+20，使照片颜色更加鲜艳；在混色器中设置红色为+10，橙色为+10，其他参数保持不变。完成商品照片的精修，如图 5-14 所示。

图 5-14　后期调整照片色调

（4）精修完照片后，将其交接给影视制作部、平面设计部和宣传推广部使用。下面介绍平面设计部制作新品推广海报的常规操作步骤。依据合同内容确定海报尺寸为 80mm×180mm，下载合适的模板，通过替换照片、修改文字、新增 Logo、裁剪等操作完成海报设计。3 张海报的修改要点如表 5-3 所示。平面设计部完成的海报设计和展架制作如图 5-15 所示。

表 5-3　3 张海报的修改要点

文件	修改部分
海报 1	替换照片为商品照，在左上角添加拾味堂 Logo，修改文字
海报 2	替换照片为商品照，修改文字
海报 3	商品照抠图、在右上角添加拾味堂 Logo，修改文字
将所有文件修改为 CMYK 颜色模式，分辨率为 300dpi，注意留出标准出血位 3mm		

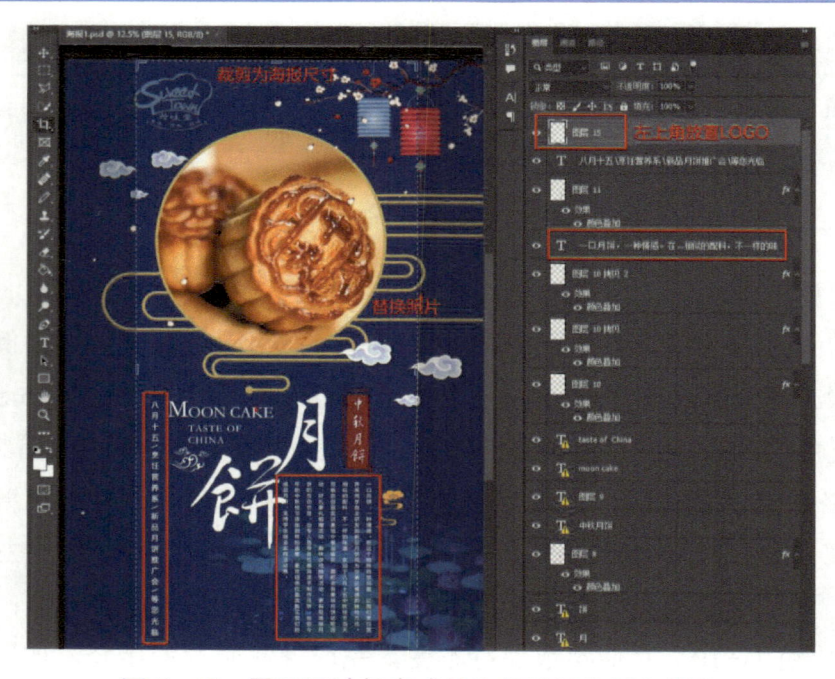

图 5-15　平面设计部完成的海报设计和展架制作

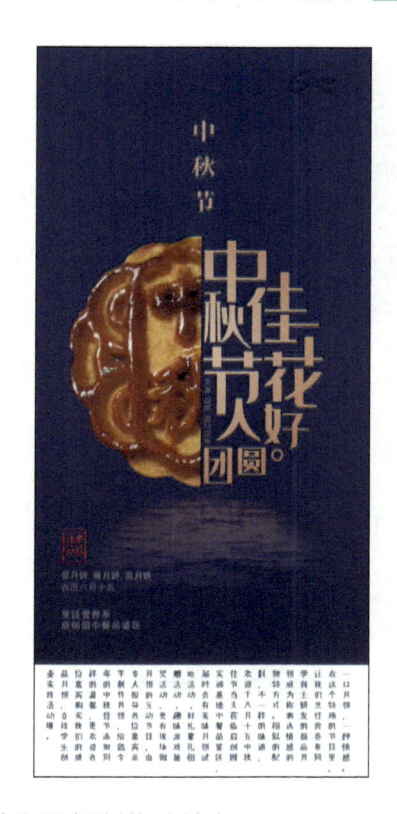

图5-15 平面设计部完成的海报设计和展架制作（续）

（5）下面介绍影视制作部制作新品月饼教程的常规操作步骤。教程片拍摄和剪辑属于常态化影视片制作，首先下载模板制作片头，然后依据分镜头稿本剪辑素材，添加必要的特效，最后输出成片。成片剪辑和特效解析如图5-16所示。

（a）成片剪辑中全景和近景相结合

（b）成片剪辑中虚实结合

图5-16 成片剪辑和特效解析

数字影音编辑与合成

（c）成片中特效的制作和模板的补充

（d）成片剪辑中的音视频结合

图 5-16 成片剪辑和特效解析（续）

（6）成片中时钟旋转特效制作方法如下。在 Adobe Photoshop 2023 中新建文档，选择"胶片与视频"面板下的 1920×1080 像素，与视频素材的分辨率保持一致，选择背景内容为透明，如图 5-17 所示。新建水平居中和垂直居中的参考线，选择椭圆选框工具，按住"Alt"键和"Shift"键，从文档中心向外绘制圆形，注意大小要适中，如图 5-18 所示。

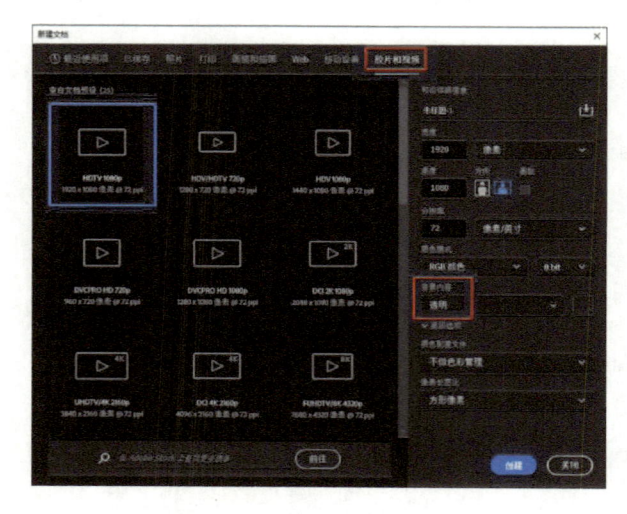

图 5-17 选择背景内容为透明

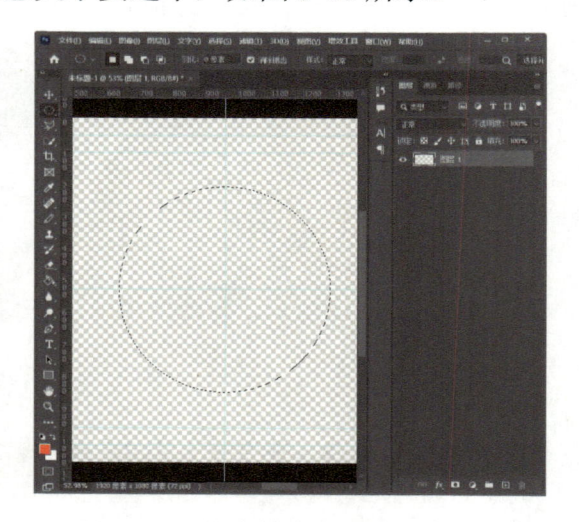

图 5-18 从文档中心向外绘制圆形

提示

可单击菜单"视图"—"标尺"，从水平标尺和垂直标尺上直接拖曳参考线，在居中位置会自动吸附。制作时钟面的方法有多种，可自行设计，美观大方即可。

（7）选择菜单"编辑"—"描边"，在弹出的对话框中设置描边宽度为3像素，颜色为白色，位置为"居外"，如图5-19所示，完成时钟轮廓的绘制。使用矩形选框工具绘制12点的指针，复制出第二个指针并移动到6点的位置，同时选中两个指针图层并单击鼠标右键，在弹出的快捷菜单中选择"合并图层"，如图5-20所示。

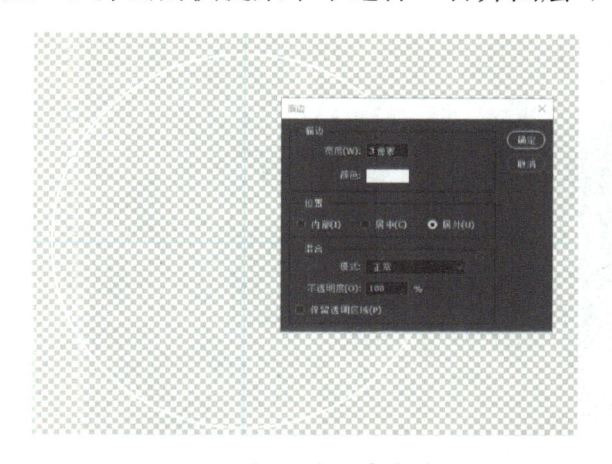

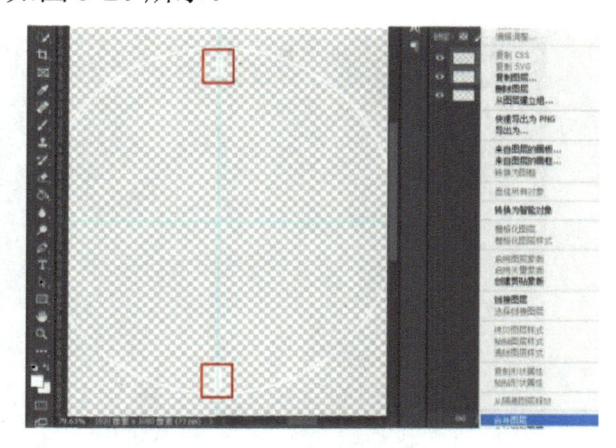

图5-19　完成时钟轮廓的绘制　　　　　图5-20　合并指针图层

（8）复制指针图层，按住"Shift"键旋转图层，把所有指针绘制完成，如图5-21所示。把所有图层合并备用，新建图层"秒针"，绘制秒针形状，注意秒针的针尾必须在文档正中心，保存文件为PSD格式，如图5-22所示。

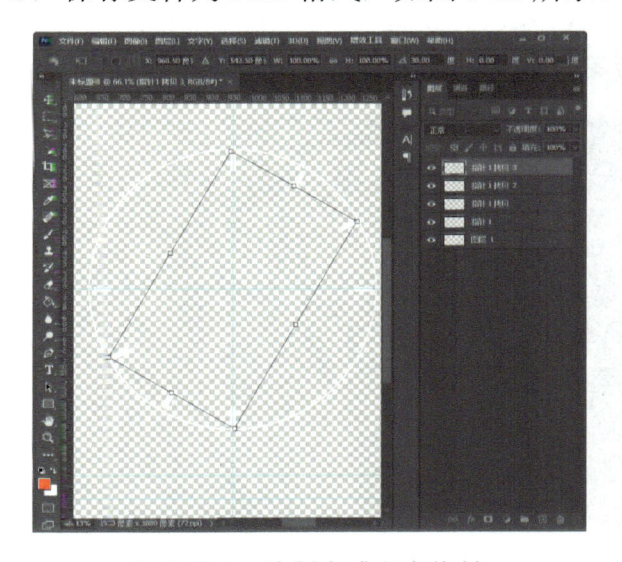

图5-21　绘制完成所有指针　　　　　图5-22　绘制秒针形状

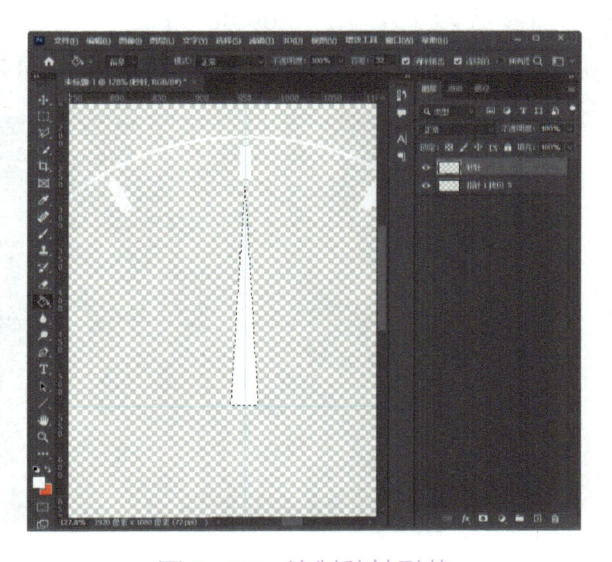

提示

秒针形状可以自己设计，也可以使用图片素材，如果针尾不居中，则在Premiere软件里设置旋转时需要修改锚点位置。把所有固定图层合并，需要做动画的图层单列，能使层次清晰的同时便于剪辑软件中动画关键帧的设置。

153

（9）在 Premiere 软件中以序列形式导入 PSD 格式文件"时钟"，在"动作"面板中给图层"秒针"添加旋转项关键帧动画，在 00:00:00:00 处设置旋转参数为 0，在 00:00:05:00 处设置旋转参数为"3×0"，让秒针旋转，与视频中蛋黄加热 3 分钟的时间相匹配，完成时针旋转动画，如图 5-23 所示。

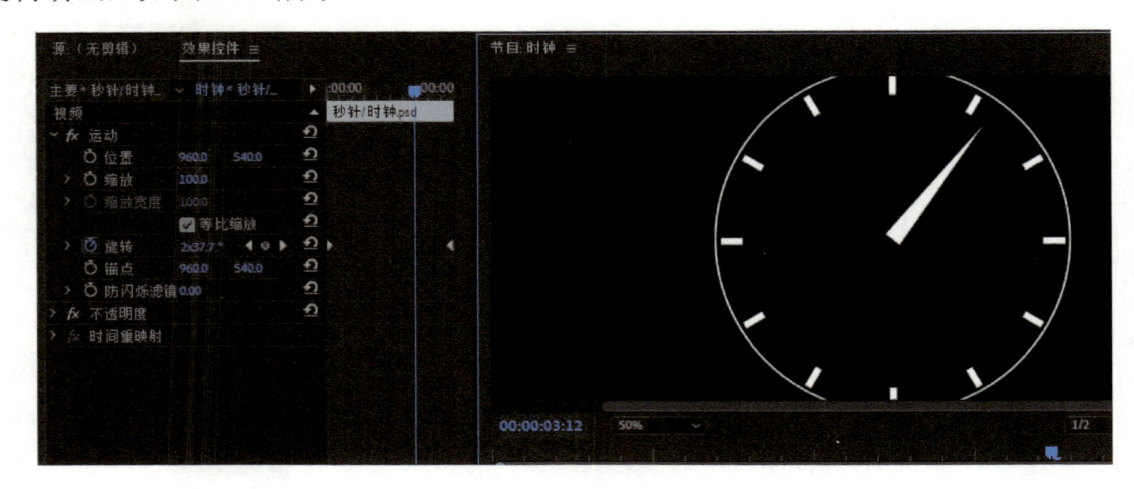

图 5-23　制作时针旋转动画

（10）视频中文字特效的制作方法如下。在 After Effects 中使用矩形工具绘制窄长条，设置窄长条为水平居中和垂直居中，添加特效"线性擦除"，设置擦除角度的参数为-90°，羽化的参数为 20，在 00:00:00:00 处设置过渡完成参数为 75%，在 00:00:01:00 处设置过渡完成参数为 25%，实现线条从左往右擦除的效果，如图 5-24 所示。

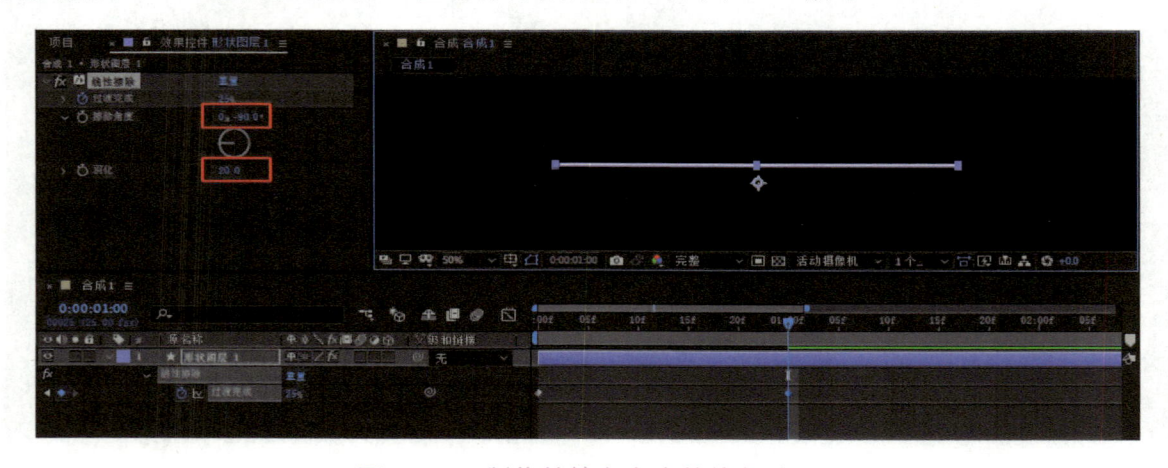

图 5-24　制作特效文字中的线条动画

提示

线条出现的效果还可以用图层蒙版实现。

（11）使用文字工具输入文字"新鲜蛋黄"，给文字设置恰当的字体、字号，位置在线条左上方，选择菜单"动画预设"—"Text"—"Blurs"—"子弹头列车"，给文字添加特效，实现文字动画效果，如图 5-25 所示。

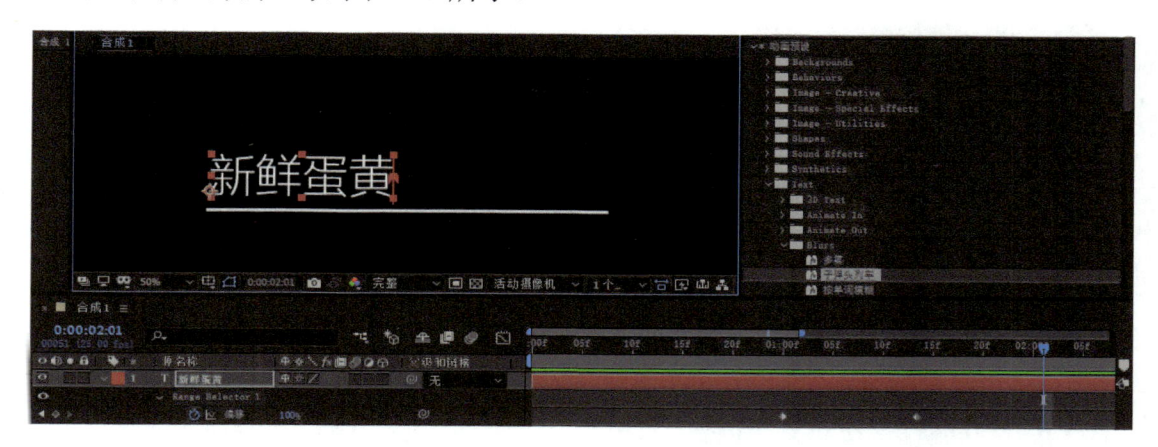

图 5-25　给文字添加动画效果

（12）使用文字工具输入文字"蘸上白酒"，给文字设置恰当的字体、字号，位置在线条右下方，选择菜单"动画预设"—"Text"—"Blurs"—"多雾"，实现文字动画特效，完成提示文字的动画制作，如图 5-26 所示。

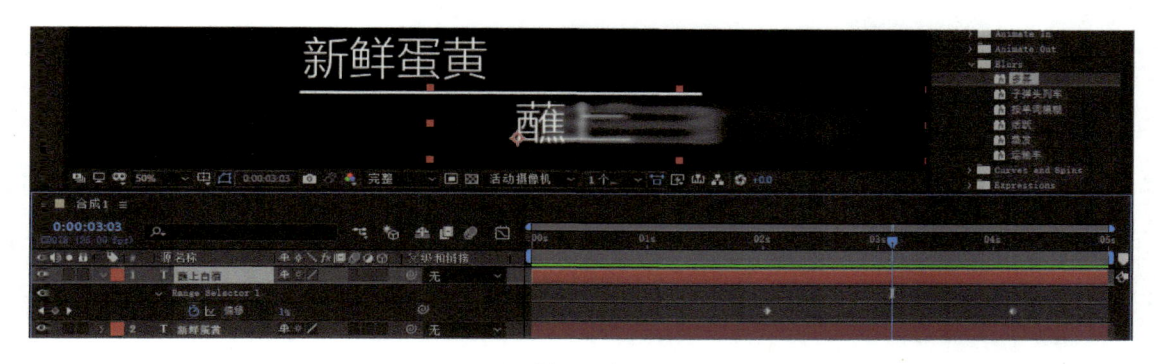

图 5-26　完成提示文字的动画制作

（13）下面介绍宣传推广部制作公众号推文的常规操作步骤。使用 365 编辑器编辑推文，在主题模板中搜索"中秋"，如图 5-27 所示。选择合适的模板，如图 5-28 所示。

图 5-27　在主题模板中搜索　　　　　图 5-28　选择合适的模板

（14）用甲方提供的文案内容替换模板中的文字，设置文字字号为 14，行间距为 2 倍，如图 5-29 所示。用摄影制作部提供的产品精修照替换模板中的图片，适当修改图片宽度，

155

如图 5-30 所示。

图 5-29　替换模板中的文字并设置参数

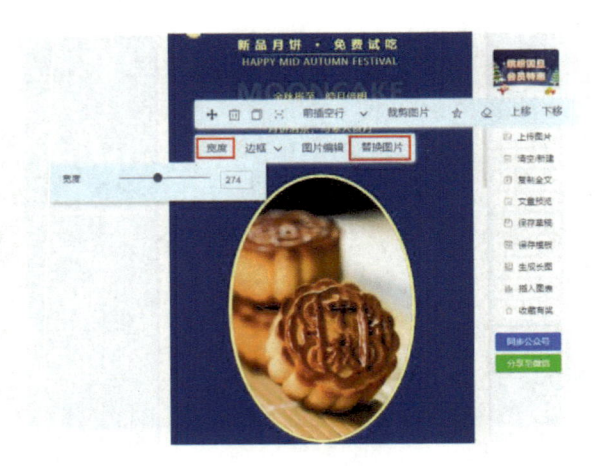

图 5-30　替换模板中的图片

（15）单击"分享至微信"按钮，添加封面图片，输入标题、作者和摘要，如图 5-31 所示。在模拟器里预览推文，如图 5-32 所示。完成后发布至公众号即可。至此，完成活动的宣传推广。

图 5-31　设置发布内容

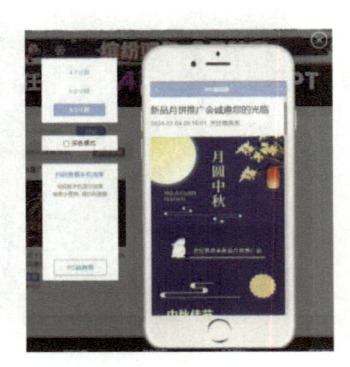

图 5-32　预览推文

在当前新媒体/融媒体时代的大环境下，数字媒体技术专业作为热门专业，所对应的岗位都是各类传媒公司、摄影机构、平面设计公司、宣传推广公司紧缺的岗位，基于数字媒体技术专业校内工作室的组建和运营，真正意义上实现了基于工作过程导向的工学结合，投入成本小，操作难度低，学生收获大，培养质量高，并且更重要的是所培养的毕业生受到数字媒体行业公司的广泛欢迎。

反侵权盗版声明

电子工业出版社依法对本作品享有专有出版权。任何未经权利人书面许可，复制、销售或通过信息网络传播本作品的行为；歪曲、篡改、剽窃本作品的行为，均违反《中华人民共和国著作权法》，其行为人应承担相应的民事责任和行政责任，构成犯罪的，将被依法追究刑事责任。

为了维护市场秩序，保护权利人的合法权益，我社将依法查处和打击侵权盗版的单位和个人。欢迎社会各界人士积极举报侵权盗版行为，本社将奖励举报有功人员，并保证举报人的信息不被泄露。

举报电话：（010）88254396；（010）88258888
传　　真：（010）88254397
E-mail：　dbqq@phei.com.cn
通信地址：北京市万寿路173信箱
　　　　　电子工业出版社总编办公室
邮　　编：100036